Traffic Emission Model
and
Pollution Control

道路交通排放模型
与
污染控制

张 意　戴明新　周 然　主编

U0228380

化学工业出版社

·北京·

内容简介

本书选取具有较大机动车减排压力的天津市作为研究区域，在概述天津市路网发展状况和机动车保有量现状的基础上，系统介绍机动车排放因子模型构建、机动车路网活动水平数据获取与特征分析、机动车排放清单模型构建以及集疏港公路机动车排放影响评估、机动车低排放区政策减排效果评估等机动车排放模型应用，并基于机动车排放管控现存问题，给出合理的机动车排放管控对策。以期为相关政策评估、应急管控、交通优化、在用车管理等提供技术支撑，为开展精确化的靶向治理提供科学决策依据。

本书可供道路交通污染控制的管理人员和科研人员阅读，也可供大专院校交通、环境等相关专业师生参考。

图书在版编目（CIP）数据

道路交通排放模型与污染控制 / 张意，戴明新，周然主编. —北京：化学工业出版社，2023.11
ISBN 978-7-122-44302-1

Ⅰ.①道… Ⅱ.①张… ②戴… ③周… Ⅲ.①公路运输-二氧化碳-减量-排气-中国②汽车排气污染-空气污染控制-中国 Ⅳ.①X734.201

中国国家版本馆 CIP 数据核字（2023）第 193208 号

责任编辑：孙高洁　　　　　　　　　　装帧设计：王晓宇
责任校对：王鹏飞

出版发行：化学工业出版社（北京市东城区青年湖南街 13 号　邮政编码 100011）
印　　装：北京盛通数码印刷有限公司
710mm×1000mm　1/16　印张 11½　字数 191 千字　2023 年 12 月北京第 1 版第 1 次印刷

购书咨询：010-64518888　　　　　　售后服务：010-64518899
网　　址：http://www.cip.com.cn

本书编写人员名单

主　　编：张　意　戴明新　周　然
参编人员：毛洪钧　彭士涛　冯小香　朱乐群　李晓君　王壹省
　　　　　郑　霖　佟　惠　路少朋　杨子涵　杨志文　刘　妍
　　　　　张衍杰　邹　超　李笑语　任佩佩　林　刚　王少雄
　　　　　王　勇　李　静　刘爱珍　孟阳光　李　明　刘海英
　　　　　Michel Andre　Yao Liu　张　欣　张琴苒　金培宇
　　　　　郭珊珊　宋　佳

前言

　　城市空气质量管理，尤其是道路机动车大气污染物排放控制，是一个较为复杂的决策过程，需要一系列的技术方法作为支撑，机动车源排放表征是其中最核心的基础内容之一。但机动车保有量大，技术构成相对复杂，不同行驶状态下排放差异较大，而且机动车具有流动性，对其排放进行精准描述难度较大，往往需要综合多种模型技术和方法来实现。

　　本书选取具有较大机动车减排压力的天津市作为典型研究对象，针对当前机动车污染物排放现状和管控需求，基于机动车排放模型研究的发展趋势，采用以车载测试方法为主的排放检测手段，获取大量机动车实际道路排放信息和行驶特征参数，并据此生成和更新排放因子模型；同时耦合基于多种调查和分析手段搭建的机动车实际路网活动水平数据库，采取"自下而上"的方法，开发建立城市道路级别并反映道路实际行驶特征的高时空分辨率机动车排放清单模型，并利用GIS手段，实现机动车污染物时空排放特征的精准表征和模拟，为相关政策评估、应急管控、交通优化、在用车管理等提供重要技术支撑，为开展精确化的靶向治理提供科学决策依据。

　　本书主要包括以下内容。

　　① 从机动车排放主要污染物、机动车排放影响因素、机动车排放测试方法、机动车排放控制进程，以及机动车排放模型内涵、分类和发展趋势等方面，梳理和归纳国内外研究进展。

　　② 对天津市的总体概况、大气环境质量状况、城市路网发展状况、机动车保有量现状进行介绍和分析。

　　③ 对照机动车环保分类体系，根据机动车排放研究和管控需求，有针对性

地选择典型机动车在天津本地典型道路上开展车载排放测试，在此基础上以机动车比功率作为"代用参数"开发基于实际道路行驶工况的机动车排放因子模型，并完成排放因子的计算和验证工作，从而对已有的机动车排放因子数据库进行本地化和更新。

④ 基于机动车排放清单模型中交通数据的输入要求，针对天津市本地路网规划和建设的实际情况，综合运用实地监测手段、遥感检测技术、浮动车技术、交通分配模型等，采用多源异构数据融合方法，对天津市典型区域、典型道路的车流量、车速、车队构成等机动车实际活动水平特征进行调查和统计分析，并建立能反映机动车实际行驶特征且具有较高时空解析度的机动车活动水平数据库。

⑤ 基于"自下而上"的方法实现机动车排放清单模型的开发。该方法利用GIS 手段，将精细化机动车路网活动水平数据映射到城市路网图层，同时耦合本地化机动车排放因子模型，进而生成城市道路级别并反映路段实际行驶特征的多尺度、高时空分辨率的机动车排放清单模型，实现机动车污染物时空排放特征的精准表征和模拟。同时，利用此模型，建立天津市机动车排放清单，为机动车排放管控对策研究提供依据。

⑥ 针对天津市集疏港公路排放影响较大的问题及当前国内外广泛采取的机动车低排放区政策，开展机动车排放模型的应用研究。

⑦ 基于天津市机动车污染物排放管控现状和需求，结合机动车排放清单结果和机动车污染控制国际先进经验，深入挖掘现存问题，提出科学合理的管控对策和建议。

本书参考了一些文献资料，在此向所有被引用作者和支持本书编写及出版的同志表示衷心感谢。

由于编者水平有限，书中难免存在不足之处，恳请读者批评指正。

编者

2023 年 7 月

目录

第一章　绪论

第一节　机动车污染概述

近年来，我国部分地区空气污染严重、雾霾天气频发，严重威胁公众健康，给社会稳定和可持续发展带来严峻挑战[1]，大气污染问题已成为区域经济和社会发展的"生态软肋"[2]。当前我国大气污染类型已由传统的煤烟型污染逐渐转变为由燃煤、扬尘、机动车、工业生产以及二次污染物共同导致的区域复合型污染的"新常态"[3]。而随着社会经济和城镇化进程的快速发展，以及人们生活水平和出行需求的持续提高，当前我国机动车保有量呈现"井喷式"增长。截至 2021 年底，我国机动车总保有量达到 3.95 亿辆[4]。巨大的机动车保有量及其较高的活动水平，导致机动车污染物排放对以高细颗粒物（$PM_{2.5}$）浓度为代表的灰霾污染和以高臭氧（O_3）浓度为代表的光化学污染的贡献率日益升高，且在城市区域表现尤为明显。预计未来五年内我国还将新增 1 亿辆以上的机动车，随之而来的大气环境压力空前巨大。

一、机动车排放主要污染物

机动车以汽油和柴油为主要燃料，在行驶和运行过程中会向大气环境中排放一氧化碳（CO）、碳氢化合物（HC）、氮氧化合物（NO_x）、颗粒物（PM）、二氧化硫（SO_2）等污染物[5,6]；此外，轮胎和刹车片磨损还会排放 PM，燃料系统的蒸发过程也会排放 HC。

1. 产生机理

机动车燃料主要成分见表 1-1。

作为最主要的机动车污染物产生过程，燃料（用 C_mH_n 表示）在机动车发动机内的燃烧过程可以用以下反应式简略表示。

表 1-1　机动车燃料的主要成分[7]

主要成分	车用汽油	车用柴油
饱和烃/%	41	70~80
芳香烃/%	41.5	20~30
链烯烃/%	17.5	0~2
含硫物/(mg/L)	50~250	300~500
含氮物/(mg/L)	<1	10~100

$$C_mH_n + N_2 + O_2 \xrightarrow{800℃} HC + CO + CO_2 + NO_x + H_2O$$

　　在上述反应式中，决定污染物产生量的重要参数是空气和燃料的比例，即空燃比，用 A/F（air/fuel ratio）表示[8]。机动车污染物浓度与 A/F 的关系如图 1-1 所示[9]。当 A/F 较低时，即富燃状态下，O_2 相对较少，燃料燃烧不充分，会产生较多的 CO 和 HC；当 A/F 较高时，即贫燃状态下，O_2 相对较多，燃料燃烧充分，产生较少的 CO 和 HC；而对于机动车排放的 NO_x 来说，主要为空气中的氮气（N_2）和 O_2 在高温下反应生成的热力型 NO_x，因此发动机燃烧室的温度是影响其生成量的重要因素。

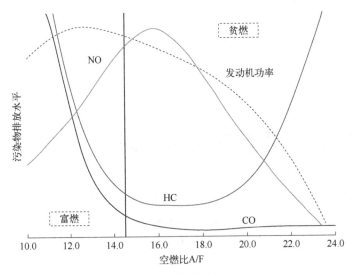

图 1-1　机动车污染物浓度与 A/F 的关系

2. 主要污染物

（1）CO

CO 是一种有毒气体，无色无味，主要来自机动车燃料中含碳物质的不完全燃烧[10]。CO 参与大气中 O_3 和二次 $PM_{2.5}$ 的生成。此外，CO 会大幅降低血液的输氧能力从而造成人体器官严重缺氧，轻则引发头晕、恶心等症状，重则破坏中枢神经系统和心血管系统，甚至导致死亡。研究显示，当人体吸入 300mg/L 的 CO 时，30min 左右就会死亡。所以，CO 又被称作"无声的杀人凶手"[11]。

（2）HC

HC 是多种气态碳氢化合物的统称，主要来自机动车不完全燃烧的燃料以及燃料系统的蒸发过程[12]。在机动车排放研究中，HC 通常也采用挥发性有机物（VOC）、总碳氢化合物（THC）、非甲烷碳氢化合物（NMHC）等表示。在光照条件下，HC 容易生成光化学氧化剂，从而成为大气对流层中 O_3 和二次有机气溶胶的重要前体物质。研究表明，HC 包括苯、烯、酮、醛、多环芳烃等 20 多种有毒有害组分，对人体的眼、鼻和呼吸道等器官具有较强刺激作用，长期暴露在这种条件下有致癌风险[13]。

（3）NO_x

NO_x 是各种气态氮氧化合物的总称，是机动车燃料燃烧的产物之一，也是大气对流层中 O_3 的重要前体物质[14]。一般来说，在高温条件下，空气中的 N_2 和 O_2 在发动机中发生反应，绝大多数产物为 NO（约占 95%），另有少量的 NO_2[15]。NO 是一种毒性较小的气体，无色无味，但浓度较高时会造成人体神经系统轻度障碍。NO 在空气中会被迅速氧化成 NO_2。NO_2 是一种棕红色有毒气体，具有强烈刺激性气味，会对人体的眼、鼻、呼吸道等器官产生刺激，严重时会造成呼吸困难甚至死亡[16]。此外，NO_2 与空气中的水蒸气反应生成硝酸（HNO_3）烟雾，这也是"酸雨"的主要来源之一[17]。

（4）PM

机动车排放的 PM 主要为含碳颗粒物［包括黑碳（BC）和有机碳（OC）］，主要来自燃料的不完全燃烧过程[18]。典型机动车排放 PM 的粒径分布和质量分布如图 1-2 所示。机动车尾气中 PM 的粒径通常为 0.1～10μm[19]，极易通过呼吸道进入人体肺部，导致咳嗽、肺气肿、慢性支气管炎等疾病的发生[20]。PM，尤其是 $PM_{2.5}$，自身成分复杂，具有较强的毒性，能破坏人体的免疫系统，甚至引发癌症[21]。此外，机动车排放的 PM 可直接导致雾霾污染的发生，城市区域尤为明显[22]。

3. 污染物影响

机动车污染物排放的影响主要表现在以下两个方面[23]。

一方面，机动车污染物排放严重影响空气质量。机动车活动多发生在城市区域，所以相比远郊区域，在城市层面，其排放贡献更高，影响更为突出。研究显示，在北京[24]、上海[25]、广州[26]、深圳[27]、天津[28]等经济发达和人口密集的城市，机动车对城区大气 CO 和 HC 的贡献率为 30%～50%，对 NO_x 和 $PM_{2.5}$ 的贡献率为 20%～40%。而 HC 和 NO_x 作为前体物又可在大气中进一步反应生成 $PM_{2.5}$ 和 O_3，并可能直接导致灰霾污染和光化学烟雾污染的发生[29]。此外，城市区域道路交通拥堵频发，导致机动车经常处于怠速、低速、低加速和低减速等行驶工况条件下，而机动车怠速和低速行驶以及频繁加减速是造成单位距离高油耗和高排放的主要原因[30]。

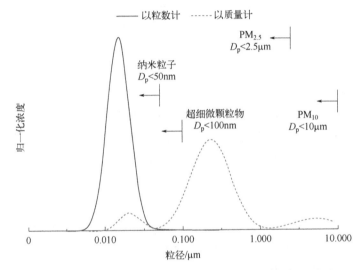

图 1-2　典型机动车排放 PM 的粒径分布（D_p）和质量分布

　　另一方面，机动车污染物排放直接危害人体健康。机动车尾气通过排气管贴近地面释放，属于低层污染源，且与人体呼吸带的高度十分吻合，容易通过人体呼吸道被吸入[31]；加之城市区域路网密集、高楼林立、空气流动性差，污染物难以扩散而在道路两侧积聚，而城区人口又相对集中。因此这种污染直接，影响范围广，对人体的危害性也大，容易引发各种呼吸道疾病，同时增加致癌的风险[32]。

二、机动车排放影响因素

　　机动车污染物排放水平的影响因素众多，归纳起来主要分为"车"（车辆属性）、"油"（燃油品质）、"路"（道路行驶特征）和"环境"（温度、湿度、海拔）四类[33]。开展机动车排放计算和模拟研究时，需要了解和分析机动车排放水平与各影响因素的相应关系并将其定量化。

1. "车"

"车"是指车辆属性，包括发动机技术和排量、车重、尾气处理技术、累计行驶里程、维护状况等[34]。不同车辆属性的机动车，排放水平存在一定差异。因此，在开展路网机动车排放计算和模拟时，首要前提就是获得较为准确的机动车车队构成数据。

2. "油"

"油"是指燃油品质，包括燃油的含氧量、辛烷值、里德蒸气压（RVP）、馏出温度、含硫量等。研究显示，汽油含氧量的增加能降低机动车 CO 和 HC 的排放；汽油辛烷值过低会引起爆燃，造成 NO_x 排放量增加；RVP、馏出温度表征的是汽油的挥发性能，主要影响 HC 的排放（尤其是蒸发排放）；燃料含硫量过高会引起三元催化器中催化剂中毒，导致机动车排放量的增加[35]。

3. "路"

"路"是指机动车在道路上的行驶特征，包括机动车启动方式（包括冷启动、热启动）、平均速度、行驶状态（包括加速、减速、匀速、怠速）等[36]。

一次典型出行任务中机动车从点火到熄火的排放变化示例如图 1-3 所示。在一次出行任务中，机动车一般会经历多个排放过程，包括启动排放、热稳定行驶排放、加速度排放、爬坡排放等[37]。

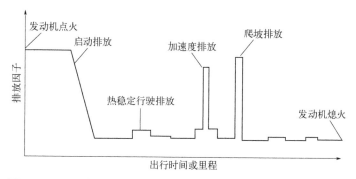

图 1-3　一次典型出行任务中机动车从点火到熄火的排放变化示例

（1）启动排放

影响启动排放水平的主要因素包括热浸时间和环境温度。在机动车启动阶段，如果机动车热浸时间较长或者环境温度较低，由于尾气处理装置中的催化剂尚未达到最佳工作温度，加之发动机处于富燃工作状态（防止熄火）而导致燃料不充分燃烧，此时机动车的污染物排放水平相对较高[38]。之后随着发动机温度升高、燃烧效率提高、催化剂达到有效温度，机动车的污染物排放水平逐渐降低至热稳定行驶排放状态[39]。

（2）热稳定行驶排放

影响热稳定行驶排放水平的主要因素是速度。经过启动阶段后，机动车开始正常行驶，此时的排放属于热稳定行驶排放，通常来讲，其污染物排放水平相比启动排放会降低很多[40]。另外，此阶段机动车的排放因子会随着行驶速度的增加呈现分段递增或者分段递减的趋势[41]。

（3）加速度排放

影响加速度排放水平的主要因素是加速度和速度。当机动车处于加速状态时，发动机为了提供足够的输出功率而处于富燃状态，燃料不充分燃烧而导致排放水平的急剧升高[42]。

（4）爬坡排放

影响爬坡排放水平的主要因素是速度和道路坡度。与加速度排放类似，当机动车处于爬坡状态时，发动机也同样处于富燃状态，排放水平明显升高[43]。

4. "环境"

"环境"是指温度、湿度、海拔等环境信息。环境温度较低时，机动车发动机和尾气处理装置中催化剂达到正常工作温度的时间就会变长，此时燃料燃烧效率和尾气处理效率较低，因此机动车排放水平较高[44]；环境湿度较大时，发动机吸入的 O_2 量较少，处于富燃工作状态，燃料燃烧不充分，此时一般表现为CO、HC、PM排放水平的升高[45]；海拔较高时，空气相对稀薄，此时机动车尤其是采用压燃式发动机的柴油车的燃烧效率较低，不完全燃烧产物增加[46]。

三、机动车排放测试方法

机动车排放测试是机动车排放模型开发的重要基础。通过开展机动车排放测试可以获取机动车排放水平与各种影响因素之间定量关系，也能得到机动车污染物的排放因子。

1. 机动车污染物测量方法

常见的机动车污染物测量方法如表 1-2 所示。

表 1-2　常见的机动车污染物测量方法

污染物/属性		方法/仪器
CO、CO$_2$		非分光红外技术 NDIR
HC		非分光红外技术 NDIR
		火焰离子化检测器 FID
NO$_x$		非分光红外技术 NDIR
		电化学
		化学发光检测器 CLD
		非分光紫外技术 NDUV
		傅里叶变换红外光谱仪 FTIR
PM	重量	锥形元件振荡微天平 TEOM
		实时大气质量采样器 RAMS
		连续大气质量监测系统 CAMMS
		β 射线吸收法 BAM
		压电微量天平
	数量/大小	凝聚粒子计算器 CPC
		扫描移动颗粒尺寸 SMPS
		空气动力学颗粒尺寸 APS
		光学粒子计算器 OPC
		电子低压冲击器 ELPI
	成分	原子吸收分光光度计 AAS
		能量色散 X 射线荧光 EDXRF
		耦合等离子体 ICP
		离子色谱法 IC
		紫外光谱仪 UVS
		EC/OC 有机碳/元素碳组分分析仪

2. 机动车排放测试方法

常用的机动车排放测试方法包括台架测试、隧道测试、遥感测试和车载测试。

（1）台架测试

台架测试（bench test）是指让被测机动车在安装于实验室内的底盘测功机上按照预设工况（通常为标准工况，如美国的 FTP 工况[47]、欧洲的 NEDC 工况[48]等）行驶，再用气体和颗粒物分析仪器同步监测由测试系统收集的不同行驶阶段的污染物，将结果传输到中控系统计算机上以便后续进一步处理[49]。

台架测试的主要优点是易控制、重复性好、准确度高，有利于对机动车排放机理展开深入研究。主要缺点是系统较为昂贵、测试耗时较长，且每次只能测量一辆车，样本的代表性有限。此外，实验室测量结果无法完全代表机动车在实际道路交通流中的真实排放水平，结果需要修正。

台架测试是各国在开展新车认证、检查/维护（I/M）及相关研究中使用最多的方法[50]，也是构建机动车排放因子模型的重要手段。

（2）隧道测试

隧道测试（tunnel test），通常选择一段较为封闭且长度较大（一般不少于400m）的隧道进行。隧道测试的理论基础是认为被测隧道内只有机动车一个污染源，隧道中污染物浓度的升高完全是由机动车的活动造成的[51]。在开展隧道实验时，通常在隧道出入口和通风口布设相关仪器（有时根据研究需要，在隧道中间某段也会布设仪器）监测污染物浓度、交通流、风速等的变化趋势及响应关系，然后根据一段时间内出入口污染物浓度差异、交通流量、隧道长度、通风量，计算得到车队的平均排放因子[52]。

隧道测试可用于研究被测道路通行车队的整体排放水平及其随时间的变化趋势，也可用于验证排放因子模型的准确性并做适当修正。但是隧道测试的结果是车队的平均排放因子，无法表征车辆属性、燃油品质、行驶特征等因素对机动车排放的影响[53]。

（3）遥感测试

遥感测试（remote sensing test）是一种非接触式的光学测量方法，其基本原理是基于不同气体对不同波长紫外光或可见光的吸收作用，通过测量人工光源发射出的、穿过机动车尾气后的透过光的波长和强度，来推算污染物的实际浓度[54]。通常来讲，除了遥感设备外，遥感测试中还需配套视频设备来记录和识别被测机动车的车辆属性。遥感测试的方法主要有分光紫外分析法（DUV）、不分光紫外分析法（NDUV）、不分光红外分析法（NDIR）、调谐近红外二极管激光吸收光谱（NIR-TDLAS）、调谐红外激光差分吸收光谱（TILDAS）、紫外差分吸收光谱（UV-DOAS）、长光程层析差分吸收光谱（LP Tom-DOAS）等。

遥感测试的主要优点是仪器便携，自动化程度高，测试效率高，测试过程不影响车辆在道路上的正常行驶；主要缺点是测试结果受环境条件（如风速、风向等）影响较大，且测试点单一，机动车各种行驶工况下的实际排放水平难以得到全面反映[55]。

遥感测试可用于分析当地不同时期机动车排放水平的变化规律，同时验证和修正排放因子模型，也可用于环境管理中道路高排放车辆的识别。

（4）车载测试

车载测试（on-board test）是将便携式车载测试系统（portable emissions measurement system，PEMS）直接安置于被测车辆内，PEMS 即可逐秒采集车辆在实际道路行驶过程中的行驶特征参数和污染物排放速率[56]。随着便携式尾气测试技术快速发展，用于机动车排放测试的车载设备不断增多，常用的有日本 HORIBA 公司的 OBS 系列仪器[57]，美国 SENSORS 公司的 SEMTECH 系列仪器[58]、CATI 公司的 OEM-2100 车载测试仪[59]，以及芬兰 DEKATI 公司的 DMM 颗粒物质量监测仪[60]和 ELPI 静电低压撞击器[61]等。

由于可以更方便地采集实际道路上机动车的瞬态排放特征，车载测试技术成为当前机动车排放研究的热点之一[62]。其结果可用于分析交通设施（如信号灯）和交通流变化对机动车排放的影响，也可以用于建立、验证和修正机动车排放因子模型。US EPA 主导开发的新一代排放模型 MOVES 就采用了大量车载排放数据[63]。

四、机动车排放控制

1. 机动车排放控制序幕

人类开始意识到机动车尾气排放的危害源于 1943 年美国的"洛杉矶光化学烟雾事件（Los Angeles Smog）"[64]，这也是全球著名的公害事件之一。最开始人们以为本次污染是由周边化工厂的废气排放导致的，但在勒令相关工厂停工后，大气污染状况并未得到改善。随后研究者们发现，机动车尾气排放才是该事件的"罪魁祸首"。当时，美国加利福尼亚州拥有超过 270 万辆的机动车，且大部分的机动车活动都集中在大洛杉矶地区[65]。由于当时并未采取任何形式的机动车尾气排放控制措施，短时间内尾气大量聚集使空气质量持续恶化。夏天污染最严重时，大气能见度仅有三个街区长（约 200m），相当多的人都出现了不同程度的呼吸困难、恶心呕吐、眼睛不适等症状，甚至造成部分人死亡。因此，光化学烟雾污染也被称作"尾气型污染"。最终，"洛杉矶光化学烟雾事件"成为美国大气环境管理的转折点，加利福尼亚州地方政府不仅专门成立了"加利福尼亚州空气资源局（California Air Resources Board，CARB）"[66]，更催生了举世闻名的《清洁空气法》（*Clean Air Act*）[67]。

而在同一时期的欧洲，由机动车尾气排放而导致的光化学污染事件也频繁发生，如"1952年伦敦烟雾事件（Great Smog of 1952）"就造成多达4000位市民死亡的惨剧发生[68]。

后来光化学烟雾被Arie Haagen-Smit博士证实是由机动车排放的NO_x和HC在紫外光的照射下，与空气中的其他组分发生一系列化学反应而形成的[69]。从某种意义上说，这也正式拉开了全球开展机动车尾气排放研究和控制的序幕[70]。

2. 我国机动车排放控制进程

自20世纪70年代以来，机动车污染控制工作逐渐形成了两条核心发展路线[72]：一是政府部门结合机动车污染管控需求，不断提高机动车排放标准和燃油质量标准；二是汽车生产商通过车辆技术（包括发动机技术、后处理技术、车身技术等）创新来满足不同时期的排放标准，同时大力研发新能源汽车技术。

相比欧美发达国家，我国机动车排放管理工作起步相对较晚，1994年5月起我国才开始实施机动车排放限值法规，并于1999年开始制定新一轮的机动车排放标准，新标准基本等效借鉴欧洲的标准体系[73]。通过不断实施更严格的排放标准，我国和欧美发达国家在机动车污染控制水平上的差距正逐渐缩小。但总体上，与欧洲相比，我国的机动车排放标准整体落后六到八年，大约相当于两个排放标准实施阶段。

第二节　机动车排放模型

一、机动车排放模型内涵

城市空气质量管理尤其是机动车大气污染物排放控制是一个较为复杂的决策过程，需要一系列的技术方法作为支撑，机动车源排放表征是其中最核心的基础内容之一。但机动车保有量众多，技术构成相对复杂，不同行驶状态下排放差异较大，而且机动车具有流动性，对其排放进行精准描述难度较大，是最难定量表征的排放源之一。对于单台车辆而言，实验手段（包括实验室测试和实际道路测试）可定量且相对准确地获取被测车辆在特定运行条件下的排放水平；而对于整个车队而言，则需要通过数学或物理的方法去解析和挖掘各个影响因素与机动车排放水平的关系并构建相关模型，从而计算目标时段、目标区域的机动车排放量，以支撑不同层面（区域、城市、道路等）的大气环境科学研究和空气质量管理决策。

根据研究范畴，机动车排放模型可分为机动车排放因子模型（vehicle emission factor model）和机动车排放清单模型（vehicle emission inventory model）。机动车排放因子模型主要是基于大量实验观测数据来表征特定条件和车辆排放水平的共性规律，输出单车或者车队单位里程的排放因子（g/km），因此具有较好的移植性，即基于某地区机动车测试数据构建的排放因子模型可以完全或经过略微修正后应用到另一个地区。机动车排放清单模型则是以机动车排放因子模型为基础，耦合对应的机动车活动水平，从而输出研究区域机动车污染物的排放及其时空分布特征。机动车排放清单不仅是空气质量数值模拟的关键基础要素之一，也是机动车排放控制决策支持的重要手段。但是由于不同地区机动车活动水平差异性较大，机动车排放清单模型的移植性较差，存在地域特殊性。

当前，国内的研究者主要借鉴欧美发达国家和地区开发的成熟模型，如美国环境保护署（U.S. Environmental Protection Agency，US EPA）早期开发的 MOBILE 模型[74]和目前正在开发与使用的 MOVES 模型[75]，以及欧盟联合研究中心（European Commission's Joint Research Centre，EC JRC）开发的 COPERT 模型[76]等。这些模型大多基于欧美机动车排放情况开发，而国内车辆类型、实际道路行驶特征等与国外存在较大差异，因此以上模型在国内进行应用时需开展大量的本地化修正工作，其适用性也需进行评估[77]。在当前先进的机动车排放模型研究中，基本将与机动车排放水平紧密相关的行驶工况纳入考虑[78]；与此同时，随着近年来实际道路车载测试方法的成熟和便携式尾气测试技术的快速发展[79]，特别是测量精度和准度的提高，对实际道路行驶状况下机动车的瞬态排放特征进行监测，并据此开发或修正本地化排放因子模型，进而使结合实际道路交通活动水平生成具有较高解析度的机动车排放清单模型和系统成为可能。

事实上，机动车排放模型技术的发展在相当程度上是由机动车排放控制的决策需求推动的[80]。现代机动车排放控制策略已经从单一控制机动车排放转变为集成车辆技术、燃油品质、驾驶行为、交通规划与管理等多目标的综合控制体系。机动车排放控制决策的智能化、精细化需求，促使机动车排放模型技术朝着更为细致的纵深方向发展，从过去单纯地输出排放总量到可以模拟不同政策情景或交通状况下目标道路目标时段的排放量变化[81]。目前机动车排放模型的研究尺度正逐渐由宏观和中观向微观发展，排放测试的技术方法也更加侧重收集逐秒的瞬态排放水平[82]。因此基于实际道路行驶特征，开发具有本地特色和较高时空分辨率的机动车排放模型显得尤为紧迫，这对于相关大气科学研究、环境管理工作的开展具有重要意义。

二、机动车排放模型分类

根据研究尺度，机动车排放模型可以分为宏观（macro-scope，全球、国家或区域层面）、中观（meso-scope，城市群或城市层面）、微观（micro-scope，街区或路段层面）三个层面[83]。宏观和中观排放模型采用整体集中的输入数据，如机动车保有量、行驶里程、燃油消耗、平均速度等，因此无法用于微观尺度的机动车排放模拟，不足以反映交通管控措施、行驶特征等给机动车排放水平带来的变化性。而微观排放模型可以量化机动车尾气排放的瞬时变化性，在机动车排放评估的时间和空间尺度上更为细致，从而能更为直观地反映多种影响因素共同作用下的、基于实际道路行驶特征的机动车污染物排放特性，进而为后续空气质量数值模拟提供解析度更高的输入数据。此外，微观排放模型的模拟结果还可以用于构建宏观和中观排放模型。

根据模型的主要参数，机动车排放模型大体上可以分为基于平均速度的排放模型（侧重宏观和中观尺度）、基于行驶工况的排放模型（侧重中观和微观尺度）和综合性排放模型（模拟多种尺度）三类[84]。

当前主流的机动车排放模型如表 1-3 所示。

表 1-3　当前主流的机动车排放模型

分类	排放模型	开发单位	研究尺度	主要参数	数据来源	开发时间	最新更新版本/时间
基于平均速度的排放模型	MOBILE模型	US EPA	宏观、中观	平均速度	台架测试	1978 年	MOBILE 6.2/2002 年
	COPERT模型	EC JRC	宏观、中观	平均速度	台架测试	1987 年	COPERT IV/2011 年
	EMFAC模型	CARB	宏观、中观	平均速度	台架测试	1988 年	EMFAC 2014/2014 年

分类		排放模型	开发单位	研究尺度	主要参数	数据来源	开发时间	最新更新版本/时间
基于行驶工况的排放模型	基于发动机负载	IVE模型	UCR	中观、微观	平均速度、比功率VSP、发动机负荷ES	台架测试、车载测试	2003年	IVE 2.0.2/2010年
	基于物理意义	CMEM模型	UCR	微观	发动机功率负载、空燃比等	车载测试	1995年	CMEM 3.0/2005年
	基于速度-加速度	EMIT模型	MIT	中观、微观	瞬时速度、瞬时加速度	车载测试	2001年	EMIT 1.0/2002年
综合性排放模型		MOVES模型	US EPA	宏观、中观、微观	平均速度、比功率VSP	台架测试、车载测试	2001年	MOVES 2014/2014年

1. 基于平均速度的排放模型

基于平均速度的排放模型通常是采用统计回归的方法将大量标准工况条件下的台架测试结果解析成基准排放因子，然后利用标准工况和实际行驶条件下排放水平的差异，对基准排放因子进行修正。代表性模型包括 US EPA 开发的 MOBILE（Mobile Source Emission Factor）模型[85]、EC JRC 开发的 COPERT（Computer Programme to Calculate Emissions from Road Transport）模型[86]、CARB 开发的 EMFAC（Emission Factor）模型[87]等。

（1）MOBILE 模型

MOBILE 模型是由 US EPA 开发的数学模型，可以计算实际运行条件下机动车 CO、VOC、NO_x 和 PM 的平均排放因子。US EPA 从 20 世纪 60 年代末开始着手开发 MOBILE 模型，于 1978 年推出第一个版本，目前最新版本是发布于 2002 年的 MOBILE 6。MOBILE 模型的构建是基于对大量 FTP 工况下机动车台架测试数据的统计回归分析，模型的计算方法包括基准排放因子（basic emission factors，BEF）、修正因子、技术分布和累计行驶里程分布三个重要概念。

MOBILE 模型的数据来源和程序设计主要考虑美国当地情况，因此需要进行修正后才能在我国进行应用。20 世纪 90 年代，Hao 首次将 MOBILE 5 模型引入国内，并结合中国和美国机动车排放控制水平的差异，利用台架测试结果对模型的关键参数进行适当修正，从而开发接近我国实际情况的机动车排放因子算法[88]。目前，修正后的 MOBILE 模型在我国多个城市得到应用[89,90]，并成为我国机动车排放研究领域使用最为广泛的模型之一。

（2）COPERT 模型

COPERT 模型是由 EC JRC 开发的机动车排放模型，主要用于欧洲国家建立官方的机动车污染物排放清单。EC JRC 于 1989 年发布第一个版本 COPERT 85 模型，目前最新的版本是 2011 年发布的 COPERT Ⅳ。COPERT 模型中涉及的排放类型包括启动排放、运行排放、轮胎和刹车磨损排放、蒸发排放等。

由于我国目前等效借鉴欧洲的车辆排放测试规程和法规体系，某种程度上，欧洲的 COPERT 模型相比美国的 MOBILE 模型更适合于我国的机动车排放控制研究[91,92]。

（3）EMFAC 模型

EMFAC 模型由 CARB 主持开发，使用 FORTRAN 语言编写，主要用于计算美国加利福尼亚州的机动车排放因子和排放清单[93]。由于美国《清洁空气法》规定加利福尼亚州可以执行比美国联邦更为严格的机动车排放控制法规体系，相比 MOBILE 模型，EMFAC 模型的结果更符合加利福尼亚州的实际情况。CARB 于 1988 年发布 EMFAC 模型首个版本，目前最新版本是发布于 2007 年的 EMFAC 2014。

EMFAC 模型主要是针对加利福尼亚州的机动车实际排放情况设计的，具有较强的地域针对性，因此在我国的应用较少。香港环境保护署通过对 EMFAC 模型进行修正而开发了 EMFAC-HK 模型，该模型成为香港机动车排放研究的官方模型，且每年进行更新。

2. 基于行驶工况的排放模型

行驶工况是指机动车在具体的某个区域或某条道路上的行驶状态和特征，包括匀速、加速、减速、怠速等[94]。基于平均速度的方法通常用于宏观和中观排放模型的开发，而基于行驶工况的方法则更多地用于中观和微观排放模型的开发。相比前者，基于行驶工况的排放模型更能反映机动车瞬态行驶特征对实际排放水平的影响。根据具体工况参数选取的不同，基于行驶工况的排放模型可以进一步细分为基于发动机负载的排放模型、基于物理意义的排放模型和基于速度-加速度的排放模型三类。

（1）基于发动机负载的排放模型

在排放模型的研究中，通常用机动车比功率（vehicle specific power，VSP）来描述发动机负载情况。基于发动机负载的排放模型通常利用 VSP 等表征发动机状态的参数对机动车瞬态排放水平进行模拟。

道路交通排放模型
与污染控制

IVE（International Vehicle Emission）是由美国加利福尼亚大学河滨分校（University of California Riverside，UCR）开发的模型，是目前国际上运用较为广泛的基于发动机负载的排放模型之一[95]。IVE 模型于 2003 年发布第一个版本，目前最新版本是于 2010 年发布的 IVE 2.0.2。IVE 模型可以实现机动车排放因子和排放清单的计算。IVE 模型引入 VSP 和发动机负荷（engine stress，ES）两个参数[96]，可以模拟除了标准工况以外的其他工况条件下的机动车排放，因此也可以应用于本地行驶特征与 FTP 工况存在差异的国家和地区，加之其内嵌的多种技术分类方法，使得 IVE 模型具有较好的适应性和移植性。

由于 IVE 模型可以相对准确地反映不同城市行驶工况对排放的影响，其在国内使用具有相对较好的适应性，可以用于反映不同类型城市、不同等级道路、不同行驶特征的机动车污染物的排放规律。但是在开展我国机动车排放模拟时，IVE 模型可能会引入一定误差，这主要是由于其内嵌的美国本地机动车排放因子与我国机动车实际排放水平存在差异[97]。

（2）基于物理意义的排放模型

基于物理意义的排放模型侧重分析机动车污染物产生的原理和过程，从物理意义的角度模拟和计算机动车的排放水平。

美国 UCR 开发的 CMEM 模型（Comprehensive Modal Emission Model）是最具代表性的基于物理意义的排放模型[98]。作为一个物理瞬态模型，CMEM 模型于 1995 年开始开发，目前最新版本是发布于 2005 年的 CMEM 3.0。在 CMEM 模型中，机动车污染物排放过程从发动机能量需求的物理角度被分解为多个不同的过程，并用由发动机转速、空燃比、燃料消耗、污染物排放速率、催化剂转化效率等参数构成的解析式进行计算。

作为微观模型，CMEM 模型更侧重模拟和分析机动车的瞬态排放特征，而非排放因子的计算，所以计算过程较为复杂、运算效率较低，因此目前 CMEM 模型在我国城市机动车排放研究中的应用相对有限，主要集中在耦合微观交通模型从而对机动车微观交通环境下的排放特征进行仿真。此外，CMEM 模型的版本较为老旧，在国内进行应用时需开展大量的本地化修正工作[99]。

（3）基于速度-加速度的排放模型

基于速度-加速度的排放模型本质上是一类数学模型，即通过数理统计的方法，建立机动车速度-加速度矩阵与排放水平的关系函数，从而确定特定行驶工况下机动车的排放水平。

EMIT（Emission from Traffic）模型由美国 MIT 开发，是最具代表性的基于

速度-加速度的排放模型之一[100]。EMIT 模型诞生于 2002 年，解决了 CMEM 模型模拟过程过于复杂和运算效率较低的问题，某种程度上可以视作是 CMEM 模型的简化版。EMIT 模型采用发动机负载、催化剂转化效率等物理参数构建机动车速度、加速度与排放水平之间的函数关系，然后利用统计回归的方法确定函数中各个系数值，属于半物理半数学模型，但从方法原理上仍属于数学模型的范畴。

3. 综合性排放模型

综合性排放模型可以对区域、城市、街区和路段等多种尺度的机动车排放进行模拟和计算。US EPA 于 2001 年开始主导开发新一代移动源排放模型——MOVES（Motor Vehicle Emission Simulator）模型，现已成为当前国际上最具代表性的综合性排放模型，代表着当前移动源排放模型开发的最新技术和研究方向[101]。目前最新版本的 MOVES 2014 已经从最初的机动车排放模拟扩展到轮船、火车、飞机、非道路移动机械等非道路移动源。

MOVES 模型的主要架构如图 1-4 所示。MOVES 模型可以估算机动车的能源消耗和污染物排放量，其主要考虑的排放过程包括运行排放（driving）、启动排放（start）、长时间怠速排放（extended idling）、燃料渗透蒸发排放（permeation）、燃料排气口排放（tank vapor venting）、燃料泄漏蒸发排放（liquid leaks）、刹车磨损排放（brake wear）、轮胎磨损排放（tyre wear）、"矿井到油泵"排放（well-to-pump）等。MOVES 模型框架包括总活动量（total activity）、源组（source bins）、行驶工况单元（operating mode bins）（基于 VSP）、排放速率（emission rate）等。

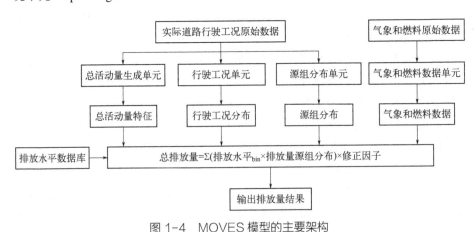

图 1-4　MOVES 模型的主要架构

MOVES 模型的时间尺度分为年、月、周、日、时，空间尺度分为国家级

（national-level）、郡级（county-level）、项目级（project-level），对应传统意义上的宏观、中观、微观。

MOVES 模型采用的是美国当地的机动车排放测试数据，因此在我国进行运用时需要开展较为细致的本地化工作。但模型集成了美国机动车排放测试和模型技术的最新成果，其模型方法和原理对于我国机动车排放模型研究具有较强的借鉴意义[102]。

三、机动车排放模型发展趋势

综合分析国内外机动车排放模型研究进程和现状，结合当前机动车排放管控需求，总结未来机动车排放模型技术的发展趋势如下。

1. 基于实际道路行驶工况开发中观和微观排放模型

从机动车排放模型发展和使用历程来看，2000 年以前大多以宏观模型为主，以基于平均速度为主要参数，如 MOBILE 模型、COPERT 模型、EMFAC 模型等，用于这些模型开发的基础数据主要来自实验室标准测试工况下的台架测试。然而越来越多的研究表明，机动车在实验室内的排放测试结果与其在实际道路行驶条件下的排放存在较大差异[103]。因此，进入 21 世纪后，研究者们开始逐步引入可以表征机动车行驶工况的 VSP 等参数开发了 IVE 模型和 MOVES 模型。这些新型模型主要有三个特点：一是测试工况从过去仅考虑实验室标准工况转变为增加考虑机动车实际道路行驶工况；二是研究尺度从宏观、中观转变为更细致的中观、微观；三是主要参数从平均速度转变为将平均速度和逐秒瞬态工况相结合。由于考虑了机动车排放的物理原理，基于工况的排放模型可以更准确地描述机动车的瞬态行驶特征对尾气排放的影响机理和过程，并且数据结果在时间和空间上具有更高的分辨率。此外，由于国内不同城市的交通发展模式和道路行驶工况差异较大，基于工况的排放模型也更适用于国内机动车排放研究。

2. 基于 PEMS 技术开展排放模型的修正和开发

在当前最新的机动车排放模型研究中，基本将与机动车排放水平紧密相关的行驶工况纳入考虑，加之近年来实际道路车载测试方法的成熟和便携式尾气测试技术的快速发展，特别是测量精度和准度的提高，能够获取机动车逐秒瞬态工况和排放水平的 PEMS 技术愈发受到重视。而排放模型也从原来主要基于实验室台架测试结果开发，转变为综合考虑台架测试结果和实际道路车载测试结果的开发模式。PEMS 技术可以用来获取机动车本地行驶工况和排放因子，对国外模型进行本地化修正；也可以充分结合当地数据（包括道路数据、车辆技术分布和活动水平数据等）开发符合本地/本国实际情况的机动车排放模型。

3. 利用"自下而上"的方法建立具有较高时空分辨率的排放清单

机动车排放清单模型的构建方法通常分为"自上而下（top-down）"和"自下而上（bottom-up）"两种[104]，如图 1-5 所示。"自上而下"的方法通常利用机动车保有量、行驶里程、燃料消耗量等宏观数据，耦合对应的排放因子生成排放清单，一般用于应用于宏观尺度的机动车排放研究；"自下而上"的方法通常基于路段或路网的交通流数据（车流量、车速、车队构成等），耦合能反映机动车实际行驶特征的排放因子生成排放清单，一般应用于中观或微观尺度的机动车排放研究。"自下而上"的排放清单具有更高的准确性和时空分辨率，并为空气质量数值模拟提供更为精准的输入数据，从而能更好地满足日益精细的机动车排放控制决策需要，但其对相关基础数据的要求也更高。

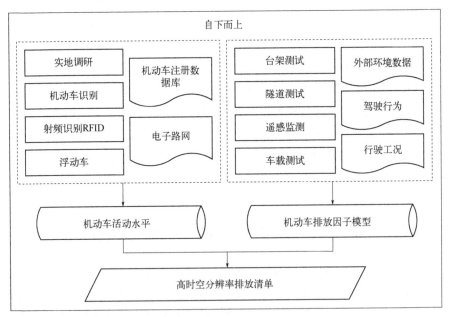

图 1-5　机动车排放清单模型方法学

第二章　天津市道路交通发展状况

第一节　总体概况

天津市，简称"津"，是我国四大直辖市之一，也是国家中心城市、超大城市、环渤海地区经济中心。天津地处华北平原海河五大支流的汇流处，北部、西部、南部与首都北京市、河北省接壤，东部毗邻渤海湾。天津市域经纬度范围分别为 116°43′ E～118°04′ E，38°34′ N～40°15′ N，东西宽 117km，南北长 189km，陆界长 1137km，海岸线长 153km。

天津市现辖 16 个区，包括滨海新区（分为滨海新区核心区和滨海新区其他区域）、和平区、河北区、河东区、河西区、南开区、红桥区、东丽区、西青区、津南区、北辰区、武清区、宝坻区、静海区、宁河区、蓟州区。

在本书中，为了更方便地研究机动车活动水平和排放清单的空间分布，天津"市区"指代中心城区（包括和平区、河北区、河东区、河西区、南开区、红桥区）和滨海核心区，两者共同构成天津"双城"，天津"远郊区"指代除两者以外的其他各区。

根据天津市环保局发布的《2020 年天津市环境状况公报》[105]，"十三五"期间，天津市环境空气主要污染物浓度均显著下降。与"十二五"末相比，"十三五"末 $PM_{2.5}$、PM_{10}、SO_2 和 NO_2 年平均浓度分别下降 31.4%、41.4%、72.4% 和 7.1%。

当前天津市大气污染类型已由传统的煤烟型污染逐渐转变为由燃煤、扬尘、机动车、工业生产以及二次污染物共同导致的区域复合型污染的"新常态"[106]。根据相关颗粒物源解析结果，机动车已成为仅次于扬尘的天津市第二大大气污染来源[107]。而在人口密集、出行需求更大的市区，机动车排放分担率更高，对空气质量和人群健康的影响也更为明显。因此，如何减少机动车污染排放、提高城市空气质量、切实保障市民生命健康，已成为天津城市可持续发展过程中亟待解决的问题。

第二节　路网发展状况

一、城市道路分类

根据《城市道路交通规划设计规范（GB 50220—1995）》和《城市道路工程设计规范（CJJ 37—2012）》的有关规定，按照道路在城市路网中的定位、功能、建设要求的不同，我国通常将城市道路分为快速路（express road）、主干路（artery road）、次干路（secondary road）和支路（local road）4 类，不同类型城市道路性质如表 2-1 所示。而不同等级道路机动车的行驶特征存在差异，因此在进行机动车污染物核算时应根据道路等级的不同进行针对性分析。

表 2-1　不同类型城市道路性质

道路类型	设计车速/（km/h）	单向车道数量/条	机动车道宽度/m	道路总宽度/m	分隔带设置
快速路	60~80	≥4	3.75	40~70	必须设
主干路	40~60	≥4	3.5	30~60	应设
次干路	30~40	≥2	3.5	20~40	可设
支路	30	≥2	3.5	16~30	不设

（1）快速路

快速路是城市路网中等级最高的道路。为了满足城市各区域、卫星城镇之间的交通连接需求，大型城市通常会建设一条或多条快速路以承载城市的主要客流。为了保证行车速度，一般会在快速路中央设置隔离带，且尽量减少与其他道路的交叉，并采用互通式立体交叉口的方式与其他道路连接。

（2）主干路

主干路是城市路网的骨架道路，用于连接城市主要住宅区、工业区、机场港口等。主干路以交通运输功能为主，服务功能为辅，可以是景观性的，但不应是生活性和商业性的，道路两侧不宜设置过多的车辆和行人入口，以免影响车速。主干路通常设置 4 或 6 条机动车道以及有隔离带的非机动车道，采用展宽增加车道数量或立体式交叉口的方式与其他道路相交。

（3）次干路

次干路是城市内等级稍低于主干路的普通交通干路，主要用于分担主干路的交通压力，起到联系城市各区域和交通集散的作用，同时还具有一定的服务功能，因此其两侧允许设计出入口。次干路和主干路共同组成城市干道网。与主干路相比，次干路的数量和长度在城市路网中占有更大比例。次干路两侧通常具有相对完善的非机动车道和人行道。

（4）支路

支路是次干路和小区路之间的连接线，相当于城市路网的"毛细血管"，是所有类型道路中数量最多的。支路主要用于满足城市局部区域的交通需求，以服务功能为主，从而提高整个路网的可达性。

二、城市路网发展状况

2011年，天津市发布《天津市空间发展战略规划条例》，明确提出"构建以中心城区和滨海新区核心区为双城"的空间格局[108]。天津"双城"结构空间格局及城市道路骨架网如图2-1所示。

图2-1 天津"双城"结构空间格局及城市道路骨架网

目前，中心城区和滨海新区核心区已分别逐步形成"三环十四射"的"环放式"主干路体系和"六横五纵"快速路网系统[109]。截至 2021 年底，天津市已建成快速路、主干路、次干路、支路等不同级别道路有机结合的路网结构，道路总里程达 1.68×10^4 km，各等级道路长度比例分别为 12.13%、17.43%、26.94%、43.50%。

第三节　机动车保有量现状

一、机动车环保分类体系

机动车分类体系的建立是排放模型开发的重要基础。由于不同类型的机动车污染物排放特征存在较大差异，因此将机动车保有量按照一定规则进行分类而分别进行研究，对于机动车环保监管具有重要意义。然而，机动车的生产、销售、在路行驶、年检等不同环节涉及管理部门众多，且统计口径各异，导致长期以来国内机动车分类混乱、体系繁杂，难以满足机动车排放模型开发和环保管理的需要。

本书通过分析环保部"第一次全国污染源普查"中机动车保有量和行驶里程的相关数据，以及收集、整理国内已有的机动车和发动机的生产、销售数据，构建基于我国机动车实际排放特征的车型分类体系。本书中机动车共分为 252 个子类型，其分类方法和分类结果如表 2-2 所示。机动车环保分类体系共分六个层级，如表 2-3 所示。

表 2-2　机动车分类方法和分类结果

分类方法	数量	车型
按用途和大小	14	微型客车（mini-duty vehicle，MIDV）、小型客车（light-duty vehicle，LDV）、中型客车（middle-duty vehicle，MDV）、大型客车（heavy-duty vehicle，HDV） 微型货车（mini-duty truck，MIDT）、轻型货车（light-duty truck，LDT）、中型货车（middle-duty truck，MDT）、重型货车（heavy-duty truck，HDT） 公交车（Bus）、出租车（Taxi）（需实施特殊管控） 普通摩托车（motorcycle，MC）、轻便摩托车（moped，MP） 三轮汽车（three-wheel truck，TWT）、低速货车（low-speed truck，LST）
按燃料类型	3	汽油（gasoline）、柴油（diesel）、其他（以 CNG、LNG、LPG 为主要燃料）
按排放标准	6	国Ⅰ前、国Ⅰ、国Ⅱ、国Ⅲ、国Ⅳ、国Ⅴ

表 2-3 机动车环保分类体系

Level 1	Level 2	Level 3	Level 4	Level 5	Level 6
客车	微型	出租车	汽油	Unique[①]	国Ⅰ前/国Ⅰ/国Ⅱ/国Ⅲ/国Ⅳ/国Ⅴ
			柴油		
		其他	汽油	Unique	国Ⅰ前/国Ⅰ/国Ⅱ/国Ⅲ/国Ⅳ/国Ⅴ
			柴油		
	小型	出租车	汽油	Unique	国Ⅰ前/国Ⅰ/国Ⅱ/国Ⅲ/国Ⅳ/国Ⅴ
			柴油		
			其他		
		其他	汽油	Unique	国Ⅰ前/国Ⅰ/国Ⅱ/国Ⅲ/国Ⅳ/国Ⅴ
			柴油		
			其他		
	中型	公交车	汽油	Unique	国Ⅰ前/国Ⅰ/国Ⅱ/国Ⅲ/国Ⅳ/国Ⅴ
			柴油		
			其他		
		其他	汽油	Unique	国Ⅰ前/国Ⅰ/国Ⅱ/国Ⅲ/国Ⅳ/国Ⅴ
			柴油		
			其他		
	大型	公交车	汽油	Unique	国Ⅰ前/国Ⅰ/国Ⅱ/国Ⅲ/国Ⅳ/国Ⅴ
			柴油		
			其他		
		其他	汽油	Unique	国Ⅰ前/国Ⅰ/国Ⅱ/国Ⅲ/国Ⅳ/国Ⅴ
			柴油		
			其他		
货车	微型	Unique	汽油	Unique	国Ⅰ前/国Ⅰ/国Ⅱ/国Ⅲ/国Ⅳ/国Ⅴ
			柴油		
	轻型	Unique	汽油	Unique	国Ⅰ前/国Ⅰ/国Ⅱ/国Ⅲ/国Ⅳ/国Ⅴ
			柴油		
	中型	Unique	汽油	Unique	国Ⅰ前/国Ⅰ/国Ⅱ/国Ⅲ/国Ⅳ/国Ⅴ
			柴油		
	重型	Unique	汽油	Unique	国Ⅰ前/国Ⅰ/国Ⅱ/国Ⅲ/国Ⅳ/国Ⅴ
			柴油		
低速货车	三轮汽车	Unique	柴油	Unique	国Ⅰ前/国Ⅰ/国Ⅱ/国Ⅲ/国Ⅳ/国Ⅴ
	低速货车	Unique	柴油	Unique	国Ⅰ前/国Ⅰ/国Ⅱ/国Ⅲ/国Ⅳ/国Ⅴ
摩托车	普通摩托车	Unique	汽油	Unique	国Ⅰ前/国Ⅰ/国Ⅱ/国Ⅲ/国Ⅳ/国Ⅴ
	轻便摩托车	Unique	汽油	Unique	国Ⅰ前/国Ⅰ/国Ⅱ/国Ⅲ/国Ⅳ/国Ⅴ

① Unique 表示该层级是为未来可能的环境和交通管理政策节点预留的扩展分类(如按车重或排量进一步细分)。

该分类体系有以下三个主要特点:

① 适合机动车排放模型开发,且便于与国际主流机动车排放模型对接和比较;

② 兼顾国内已有机动车分类体系，且为未来可能的环境和交通管理政策节点预留扩展；

③ 充分考虑需要实施特殊管控的车型（如公交车、出租车等），以及未来可能成为主流车型的新型机动车（如新能源车）。

二、机动车保有量现状及分类构成

根据天津市统计年鉴[110]，2010～2019 年天津市机动车保有量与 GDP、道路总里程、车辆密度（单位长度道路的机动车保有量）变化趋势的比较分别如图 2-2、图 2-3（a）、图 2-3（b）所示。随着经济发展水平的不断提高，天津市机动车保有量持续保持高位增长。2010～2019 年的十年间，天津市机动车保有量年平均增长率达 12.13%，2013 年底开始实施小客车限购政策后，保有量增速开始放缓；而同期道路总里程年平均增长率仅为 4.03%，车辆密度（单位道路里程的机动车保有量）增长了 1.08 倍，道路交通拥堵状况加剧。

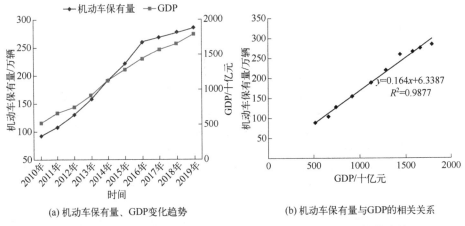

(a) 机动车保有量、GDP变化趋势   (b) 机动车保有量与GDP的相关关系

图 2-2　2010～2019 年天津市机动车保有量与 GDP 变化趋势比较

为控制机动车污染排放，2015 年天津市全部淘汰"黄标车"（新车定型时排放水平低于国 I 排放标准的汽油车和国Ⅲ排放标准的柴油车），并开始执行国 V 排放标准[111]。截至 2019 年底，天津机动车保有量达到 308.88 万辆，各类型机动车保有量及其比例分别如附录 A 中表 A 和图 2-4 所示。按用途和大小分类，小型客车的比例最高，为 85.22%，其次为轻型货车（8.09%）和重型货车（2.10%）。按

燃料类型-排放标准分类，绝大部分为汽油车，高达 90.47%，其次是柴油车（8.55%），其他燃料类型［压缩天然气（CNG）、液化天然气（LNG）、液化石油气（LPG）等］车辆占比极少（0.98%）；汽油车中国Ⅳ比例最高，占所有机动车的 46.90%，其次是国Ⅴ（19.16%）和国Ⅲ（18.48%）；柴油车主要是国Ⅲ（5.01%）和国Ⅳ（2.64%）。随着天津市机动车国Ⅴ排放标准的实施和老旧车淘汰工作的持续推进，国Ⅴ汽油车比例将会进一步提高，而国Ⅱ及以下汽油车则会迅速减少。

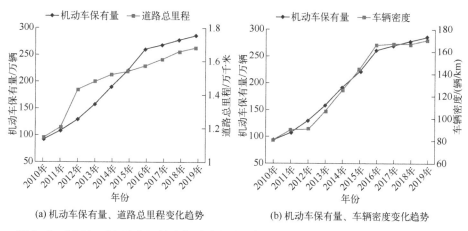

(a) 机动车保有量、道路总里程变化趋势　　　　(b) 机动车保有量、车辆密度变化趋势

图 2-3　2010~2019 年天津市机动车保有量与道路总里程、车辆密度变化趋势比较

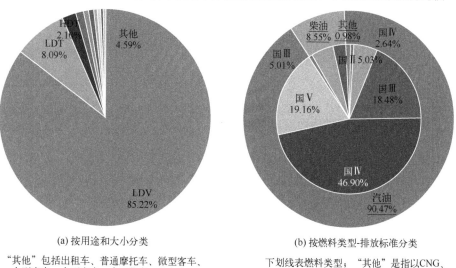

(a) 按用途和大小分类

"其他"包括出租车、普通摩托车、微型客车、
大型客车、中型客车、中型货车、公交车、
三轮汽车、微型货车、轻便摩托车、
低速货车，各车型比例均小于1%

(b) 按燃料类型-排放标准分类

下划线表燃料类型；"其他"是指以CNG、
LNG、LPG为主要燃料的机动车

图 2-4　2019 年天津市各类型机动车所占比例

第三章　机动车排放因子模型

由于近年来机动车环保管理政策的不断出台，尤其是 2013 年国务院发布《大气污染防治行动计划》[112]以来，天津市开始逐步实施机动车限行限购、淘汰黄标车和老旧车、执行国Ⅵ排放标准等措施，新车数量和活动水平不断增加，加之城市功能区划的更新和道路建设规模的扩大，天津市本地车队构成和机动车实际道路行驶工况发生了较大改变，因此，机动车实际排放水平也发生了较大变化。

本章对照机动车环保分类体系，根据机动车排放研究和管控需求，有针对性地选择典型机动车在天津本地典型道路开展车载排放测试，在此基础上以机动车比功率作为"代用参数"开发基于实际道路行驶工况的机动车排放因子模型，并完成排放因子的计算和验证工作，从而对已有的机动车排放因子数据库进行本地化和更新。

第一节　排放因子模型构建方法

一、模型代用参数选择

1. 代用参数的内涵

由于实际路网交通流中机动车的行驶状态复杂多变且影响因素众多，表征行驶状态与污染物排放水平之间的定量关系就成了机动车排放模型开发的重点和难点。为了解决这一问题，研究中通常会选取一个或多个与排放水平关系密切的"代用参数（surrogate variables）"来近似表示机动车实际道路的行驶特征[113]。例如 MOBILE 模型和 COPERT 模型均采用平均速度作为模型的代用参数。作为机动车排放数值模拟研究中最重要的定义之一，代用参数在相当程度上决定了机动车排放因子模型的准确性、适用性以及时空分辨率。

相比宏观排放因子模型，基于行驶工况的排放因子模型能更为全面地分析机动车实际道路行驶状态（如匀速、加速、减速、怠速等）对其排放水平的影响，选取的基于工况的代用参数通常也比宏观模型所采用的平均速度参数更具有代表性[114]。基于行驶工况的排放因子模型本质上是一个基于统计回归的拟合函数，该函数用于表征机动车道路实测排放数据和代用参数之间的数学规律。

为了使模型模拟结果更接近机动车的实际排放情况，当前主流的工况模型通常引入发动机负载作为代用参数，其中最具代表性的发动机负载参数是机动车比功率 VSP，IVE 模型和 MOVES 模型均采用 VSP 作为代用参数。由于考虑了机动车排放的物理原理，这种方法能更好地描述机动车瞬态行驶特征对排放水平的影响，因而具有更高的精确性和准度。

结合机动车排放模型发展趋势和当前机动车排放研究需求，本书也选用 VSP 作为模型开发的代用参数，用于描述机动车瞬态行驶状态与排放的关系。

2. 机动车比功率 VSP

机动车比功率 VSP 是由美国麻省理工学院的 Jiménez Palacios 首次提出的[115]，由于考虑了机动车排放的物理意义，随后该参数在相关模型研究中被广泛使用[116,117]。VSP 的物理意义是发动机每移动单位质量（包括自重）机动车而输出的功率大小，即发动机瞬态输出功率与机动车质量的比值。VSP 的计算综合考虑了机动车实际行驶过程中动能和势能的变化，以及发动机克服机动车滚动摩擦力和空气阻力所做的功，与速度、加速度、坡度、风阻等参数紧密相关，单位为 kW/t 或 m^2/s^3，其计算公式如下。

$$
\begin{aligned}
\text{VSP} &= \frac{\dfrac{d(KE+PE)}{dt} + F_r v + F_A v}{m} \\
&= \frac{\dfrac{d\left[0.5m(1+\varepsilon_i)v^2 + mgh\right]}{dt} + C_R mgv + 0.5\rho_a C_D A(v+v_m)^2 v}{m} \\
&= v\left[a(1+\varepsilon_i) + g\theta + gC_R\right] + \frac{0.5\rho_a C_D A(v+v_m)^2 v}{m}
\end{aligned}
$$

式中　KE——机动车动能，N·m；

PE——机动车势能，N·m；

F_r——机动车行驶过程中的滚动摩擦阻力，N；

F_A——机动车行驶过程中的风阻力，N；

v——机动车行驶速度，m/s；

m——机动车质量，kg；

ε_i——机动车质量因子，无量纲；

g——重力加速度，取 9.81m/s^2；

h——机动车行驶时所处位置的海拔，m；

C_R——机动车行驶过程中轮胎和路面的滚动阻尼系数，无量纲，与机动车轮胎类型和路面材料有关，一般为 $0.0085\sim0.016$；

ρ_a——环境空气密度，20℃时为 1.207kg/m^3；

C_D——机动车行驶过程中的风阻系数，无量纲；

A——机动车迎风面积，m^2；

v_m——风速，m/s；

a——机动车行驶瞬态加速度，m/s^2；

θ——道路坡度。

经过进一步整理，VSP 的计算公式可简化为

$$VSP = v\left\{1.1a + 9.81\left[a\tan\left(\sin\theta\right)\right] + 0.132\right\} + 0.000302v^3$$

3. VSP 区间

参考 IVE 模型和 MOVES 模型，根据机动车运行状态（减速、怠速、加速、匀速）和 VSP 大小，将机动车瞬态工况划分成 38 个 VSP 区间（VSP-bin）（表3-1），每个 VSP-bin 对应一个排放水平，据此则可建立机动车瞬态工况与排放之间的分段对应关系。

表 3-1　基于机动车运行状态和 VSP 的 38 个 VSP-bin 划分标准

VSP/（kW/t）	低速（1.6km/h≤v<40km/h）	中速（40km/h≤v<80km/h）	高速（v≥80km/h）
≤-8	bin2	bin14	bin26
(-8,-6]	bin3	bin15	bin27
(-6,-4]	bin4	bin16	bin28
(-4,-2]	bin5	bin17	bin29
(-2,0]	bin6	bin18	bin30
(0,2]	bin7	bin19	bin31
(2,4]	bin8	bin20	bin32
(4,6]	bin9	bin21	bin33
(6,8]	bin10	bin22	bin34
(8,10]	bin11	bin23	bin35
(10,12]	bin12	bin24	bin36
>12	bin13	bin25	bin37

注：a 为加速度，v 为速度。减速对应 bin0（$a<-1\text{m/s}^2$），怠速对应 bin1（$0\leq v<1.6\text{km/h}$）。

二、工况模型建模方法

基于行驶工况的排放因子模型的开发包括排放速率数据库构建、排放因子计算、排放因子验证三部分，其技术路线如图 3-1 所示。

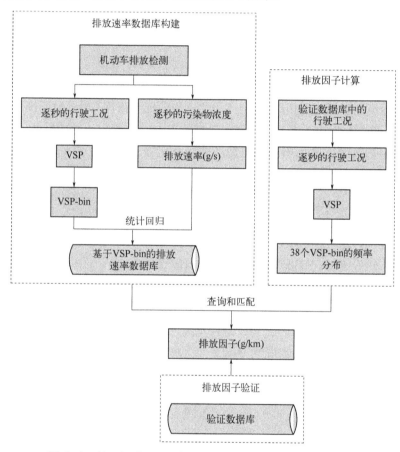

图 3-1　基于行驶工况的机动车排放因子模型开发技术路线

1. 排放速率数据库构建

机动车排放速率数据库的构建包括实际道路车载排放测试、VSP-bin 编号确定、基于 VSP-bin 编号的排放速率统计回归三个步骤。

（1）实际道路车载排放测试

根据机动车排放研究和管控需求，对照机动车环保分类体系，有针对性地选择典型机动车在天津本地典型道路开展车载排放测试，采集机动车逐秒的瞬态行驶特征参数和污染物浓度数据。

（2）VSP-bin 编号确定

根据被测车辆的瞬态行驶特征数据计算其逐秒的 VSP，对照表 3-1 中 VSP-bin 的划分标准，确定机动车逐秒行驶工况对应的 VSP-bin 编号。

（3）基于 VSP-bin 编号的排放速率统计回归

对同一类型机动车属于同一 VSP-bin 编号的行驶工况下的排放结果进行分析，利用统计回归的方法，解析 VSP-bin 编号与排放速率之间的相关关系，构建基于 VSP-bin 的机动车排放速率（g/s）数据库。本书将机动车排放速率数据库分为模型数据库（用于建立排放模型）和验证数据库（用于验证排放模型）两部分。模型数据库是在测试路线上随机抽取 80% 的测量次数构成的，而剩下的 20% 则归入验证数据库，并都需经过 K-S 假设检验，以保证这两个数据库拥有相似的机动车工况参数分布。

2. 排放因子计算

（1）VSP-bin 频率分布统计

对输入的一段瞬态工况数据进行分析并计算逐秒的 VSP，对照表 3-1 中 VSP-bin 的划分标准，确定机动车逐秒行驶工况对应的 VSP-bin 编号，然后统计这段工况数据的 VSP-bin 频率分布。

（2）排放因子计算

在机动车排放速率数据库中，查找输入工况每个 VSP-bin 编号对应的排放速率，结合 VSP-bin 频率分布，即可计算这段工况的排放因子。排放因子计算公式如下。

$$EF_p = \frac{\sum_{n=0}^{59}\left(E_{n,p}f_n\right)}{\dfrac{v}{3600}}$$

式中　p——污染物种类，包括 CO、HC、NO_x、PM；

　　EF_p——污染物 p 的排放因子，g/km；

　　n——VSP-bin 编号，无量纲；

　　$E_{n,p}$——机动车在 VSP-bin 编号为 n 的行驶状态下污染物 p 的排放速率，g/s；

　　f_n——输入工况在 VSP-bin 编号为 n 的分布频率，无量纲；

　　v——输入工况的平均速度，km/h。

3. 排放因子验证

从验证数据库中随机选取一段行驶工况数据，计算该段工况的排放因子，并与该段工况对应的实测排放数据进行对比，对模型模拟结果进行验证。

第二节 机动车实际道路排放测试

一、便携式车载测试系统

本书主要基于美国 SENSORS 公司的 SEMTECH-DS 车载尾气分析系统、芬兰 DEKATI 公司的 ELPI+静电低压撞击器和笔记本电脑等仪器设备搭建便携式车载测试系统（以下简称"NK-PEMS 系统"）。NK-PEMS 系统组成如图 3-2 所示。系统中各仪器均放置在被测车辆除驾驶员以外的不影响车辆行驶安全的稳定、不易滑动的位置上，具体位置根据不同车辆空间大小确定。NK-PEMS 系统安装位置示例如图 3-3 所示。

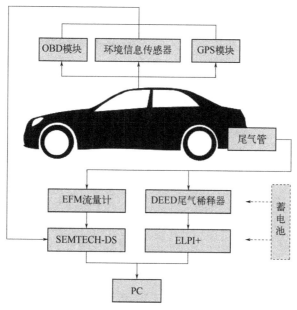

图 3-2 NK-PEMS 系统组成

图 3-3 NK-PEMS 系统安装位置示例

1. SEMTECH-DS 车载尾气分析系统

SEMTECH-DS 是由美国 SENSORS 公司生产的一种高精度、集成化的车载尾气分析系统[118]。该系统主要由 SEMTECH-DS 车载尾气分析仪 [图 3-4（a）]、SEMTECH-EFM3 车载尾气流量计 [图 3-4（b）]、OBD 模块、环境信息传感器、GPS 模块组成。SEMTECH-DS 主要监测指标和主要技术参数分别如表 3-2 和表 3-3 所示。

(a) SEMTECH-DS车载尾气分析仪　　　　　　(b) SEMTECH-EFM3车载尾气流量计

图 3-4　SEMTECH-DS 车载尾气分析系统

表 3-2　SEMTECH-DS 主要监测指标

监测模块	监测指标	指标内容
SEMTECH-DS 车载尾气 分析仪主机	机动车尾气中逐秒气态物质浓度	CO/CO_2（NDIR）、NO/NO_2（NDUV）、 THC（FID）、O_2（电化学）

监测模块	监测指标	指标内容
SEMTECH-EFM3 车载尾气流量计	机动车逐秒的尾气流量	环境温度、湿度、气压等
环境信息模块	机动车逐秒的外界环境信息数据	
OBD 模块	机动车逐秒的运行参数	发动机转速、车速、油耗等
GPS 模块	机动车逐秒的位置信息	经纬度、海拔等

表 3-3　SEMTECH-DS 主要技术参数

	气体	量程	分辨率	准确度
浓度测量	CO_2	0～20%	0.01%	±0.1%
	CO	0～8%	10mg/L	±50mg/L
	NO	0～2500mg/L	1mg/L	±15mg/L
	NO_2	0～500mg/L	1mg/L	±10mg/L
	THC	0～100mg/L	0.1mg/L	±2mg/L
		0～1000mg/L	1mg/L	±5mg/L
		0～10000mg/L	1mg/L	±10mg/L
样品采样流量		8L/min		
预热时间		60min		
数据采集频率		≥1Hz		
环境操作温度		2～4℃		
仪器质量		35.4kg		
仪器尺寸（长×宽×高）		335mm×432mm×549mm		

　　每次测试开始前，都需要对 SEMTECH-DS 提前预热 60min 左右，并用高纯 N_2 和各气态污染物标准气体分别对仪器进行调零及标定操作，以保证试验结果的准确性。

2. ELPI+静电低压撞击器

　　ELPI+静电低压撞击器是由芬兰 DEKATI 公司生产的一种实时测量颗粒物的粒径分布和质量浓度的在线仪器[119]（图 3-5）。ELPI+静电低压撞击器主要技术参数如表 3-4 所示。ELPI+静电低压撞击器在进行机动车尾气车载测试时，其进气口需接上稀释器才能使用，NK-PEMS 系统选用的是 DEKATI 公司生产的 DEED（dekati engine exhaust diluter）稀释器，稀释比 1000∶1，可以满足机动车瞬态排放测试要求。

图 3-5 ELPI+静电低压撞击器

表 3-4 ELPI+静电低压撞击器主要技术参数

性能	技术参数
粒径范围	0.006~10 μm
粒径等级	14
样本流量	10L/min
仪器尺寸（长×宽×高）	400mm×420mm×220mm
收集板直径	25mm
仪器重量	不装撞击器为 15kg
	装上撞击器为 22kg
泵要求	$7m^3/h$，50mbar
工作温度	10~35℃
工作相对湿度	0~90%（非冷凝）
采样频率	10Hz
功率	100~250V，50~60Hz，200W

注：$1bar=10^5Pa$。

ELPI+静电低压撞击器主要包括三个工作过程：粒子荷电、低压撞击和电荷测量。

① 粒子荷电：荷电器将采集到的颗粒物充上一定水平的电荷。

② 低压撞击：在由低压串联的 14 级撞击器内，荷电的颗粒物按照不同的空气动力学粒径被分级、撞击和收集。

③ 电荷测量：各级撞击器之间彼此绝缘，并且各自连接一个灵敏静电计，

静电计测量其收集到的颗粒物产生的电流值（每一级电流值与颗粒物粒子数成正比），进而得到颗粒物粒径分布和数浓度。

3. 笔记本电脑

在车载测试过程中，设置随车笔记本电脑一台，由专人跟车使用，用于数据的实时采集、监控和后续分析（图 3-6）。

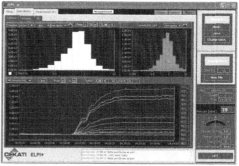

图 3-6　NK-PEMS 系统数据实时采集和分析

二、车载测试实验设计

基于本地道路规划和机动车活动的实际情况，以及机动车排放因子模型的开发需求，本书对相关车载实验进行针对性设计，主要包括测试车辆、测试时段、测试指标、驾驶员选择、测试路线等。

1. 测试车辆

基于天津市各类型机动车发展现状和未来趋势，选取保有量和活动水平较高的典型机动车进行本地车载排放测试，共计 48 辆机动车用于车载测试。参与车载测试的各类型机动车如表 3-5 所示，车载测试现场如图 3-7 所示。

表 3-5　参与车载测试的各类型机动车　　　　　　　　　　单位：辆

排放标准	小型客车	中型客车	大型客车	轻型货车	中型货车	重型货车	合计
国Ⅳ	10	2	3	3	4	2	24
国Ⅴ	10	2	3	3	4	2	24
合计	20	4	6	6	8	4	48

图 3-7 部分车载测试被测机动车

2. 测试时段

每辆车测试 2～4 天。考虑车载蓄电池的使用时长约为 3.5h，为保证仪器设备的正常使用，一次出行测试任务时长控制在 3h 以内。相关研究表明，对一辆车进行连续 3h 的测试，即可包含 95%以上的尾气变化性[120,121]。同时，为了尽可能多地采集不同交通流状态下的机动车排放数据，测试时间同时涵盖高峰期 [包括早高峰（7:00～9:00）和晚高峰（17:00～19:00）] 和非高峰期（其他时间）。

3. 测试指标

车载测试主要的测试指标包括机动车在实际道路行驶过程中逐秒的经纬度、海拔、速度、油耗以及尾气中 CO、HC、NO_x、PM 的浓度。

4. 驾驶员选择

选择驾驶风格平稳的驾驶员操作试验车辆，即在实际道路中紧跟车流行驶。

5. 测试路线

为使车载测试结果更为全面地反映不同类型道路、坡度、交通流特征等因素对机动车排放水平的影响，本书针对不同类型典型车辆的实际活动特点制定三条相应的测试路线，包括小型客车、中型客车、轻型货车测试路线，小型客车、中型客车、大型客车测试路线，大型客车、中型货车、重型货车测试路线。三条测试路线均完整覆盖了典型快速路、主干路、次干路、支路以及各类型道路的平面或立体交叉口，且适当增加车流量较大的快速路和主干路的比例。三条测试路线的起点和终点均为南开大学出版社（用"NKU"表示）。不同类型机动车车载测试路线如图 3-8 所示。

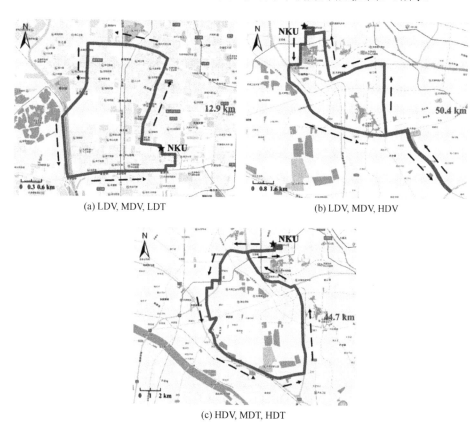

(a) LDV, MDV, LDT (b) LDV, MDV, HDV

(c) HDV, MDT, HDT

图 3-8　不同类型机动车车载测试路线

（1）小型客车、中型客车、轻型货车测试路线

小型客车、中型客车、轻型货车测试路线全长 12.9km，如图 3-8（a）所示。

路线（逆时针）：南开大学出版社（起点）→校园路 1（从西门出南开大学）→白堤路（往北）→长江道（往西）→咸阳路（先往南，再往西南）→简阳路（往南）→复康路（往东）→校园路 2（从西南门进南开大学）→南开大学出版社（终点）。

（2）小型客车、中型客车、大型客车测试路线

小型客车、中型客车、大型客车测试路线全长 50.4km，如图 3-8（b）所示。

路线（逆时针）：南开大学出版社（起点）→校园路 2（从西南门出南开大学）→水上公园西路（先往南，再往西，再往南）→宾水西道（往西）→秀川路（往南）→外环西路（往东南）→外环南路（往东）→津港高速（往东南）→津港高速 R（同一道路反方向用 "R" 表示）（天津大学新校区掉头，往西北）→外环南路（往西）→解放南路（往北）→黑牛城道（往西）→卫津南路（往北）→复康路（往西）→校园路 2R（从西南门进南开大学）→南开大学出版社（终点）。

（3）大型客车、中型货车、重型货车测试路线

大型客车、中型货车、重型货车测试路线全长 44.7km，如图 3-8（c）所示。

路线（逆时针）：南开大学出版社（起点）→校园路 2（从西南门出学校）→复康路（往西）→津静路（往西南）→海泰东路（往南）→海泰南道（往西）→学府工业区路（先往南，再往西）→睿智路（往南）→学府大道（往东南）→津涞公路（往东北）→津文线（先往南，再往西南）→赛达大道（往东南）→荣乌联络线（往北）→卫津南路（往北）→红旗南路（往西）→简阳路（往西北）→复康路 R（往东）→校园路 2R（从西南门进南开大学）→南开大学出版社（终点）。

三、车载测试数据处理

车载测试数据处理包括数据同步、异常数据处理和数据库搭建。

1. 数据同步

在 NK-PEMS 系统的 SEMTECH-DS 中，环境信息模块获取的环境温度、湿度、气压等外界环境信息数据，OBD 模块获取的发动机转速、车速、油耗等运行参数，以及 GPS 模块获取的经纬度、海拔等位置信息均为主机实时读取，三者基本同步，而由于尾气管及其连接线长度的原因，主机监测的尾气中气态污染物的

浓度结果则存在一定的延迟；此外，ELPI+静电低压撞击器与SEMTECH-DS彼此独立工作，仪器响应时间不同，其颗粒物监测结果与SEMTECH-DS的气态污染物监测结果也可能存在一定的时间差异。因此，需要对这两台仪器监测得到的所有类型数据进行同步处理。

由于怠速状态下，发动机的工作相对稳定，机动车的油耗和污染物排放基本保持不变，而在加速时油耗和排放则明显升高，因此以机动车怠速阶段为基准，以机动车加速时油耗、气态污染物与颗粒物三者发生变化的时间差为两台仪器各类型数据的延迟时间，对两台仪器的监测结果进行相应调整，使所有类型的逐秒数据保持同步。

NK-PEMS系统各仪器监测结果之间的延时关系如图3-9所示。在机动车怠速阶段（0～60s），油耗、污染物排放基本保持稳定；当机动车开始加速（60s）后，油耗随速度的变化而变化，两者基本保持同步，而SEMTECH-DS的气态污染物和ELPI+静电低压撞击器的颗粒物监测结果则分别延迟5s和10s。因此，在进行车载测试数据处理时，应首先按照图3-9中的延时关系对相关仪器监测结果进行调整。此外，由于不同被测车辆的尾气管构造及其连接线长度、仪器摆放位置等存在差异，每次测试结束后，监测结果都应分别进行同步处理。

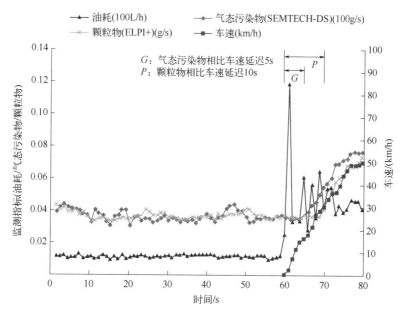

图3-9 NK-PEMS系统各仪器监测结果之间的延时关系（以国Ⅴ轻型车为例）

2. 异常数据处理

NK-PEMS 系统在工作时，难免会出现数据异常的现象。对于污染物浓度或流量为零或负值的数据、速度为负值的数据、异常大和异常小的数据，予以剔除，部分剔出后的异常数据根据相邻数据或相邻区间采用差值平滑算法进行补充；对于在较高速度区间没有污染物排放结果的车辆，根据在较高速度区间有污染物排放结果的车辆，按照一定的修正系数进行补充和推演。

3. 数据库搭建

在数据同步和异常数据剔除的基础上，计算逐秒的 VSP 和相关行驶特征参数，并按照被测机动车类型搭建车载排放测试结果数据库（图 3-10），便于后续分析和建模。

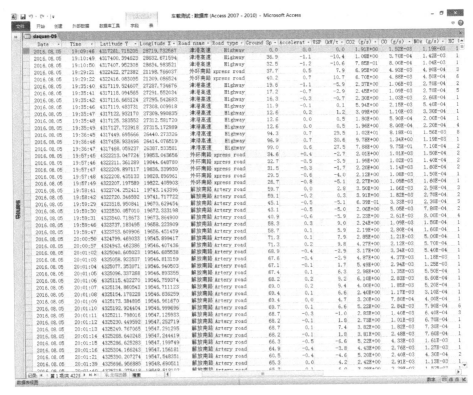

图 3-10　车载测试结果数据库

道路交通排放模型
与污染控制

第三节　机动车排放测试结果分析

一、行驶工况与排放速率的关系

1. 机动车速度、加速度与污染物排放速率的关系

　　典型的机动车速度、加速度与污染物排放速率的关系如图 3-11 所示。机动车速度、加速度对污染物排放速率影响显著。当机动车速度和加速度较大（速度＞30km/h，加速度＞0.5m/s²）时，污染物排放速率明显升高，此时，机动车发动机为了提供足够的输出功率而处于富燃状态，燃料不充分燃烧而导致排放水平急剧升高。

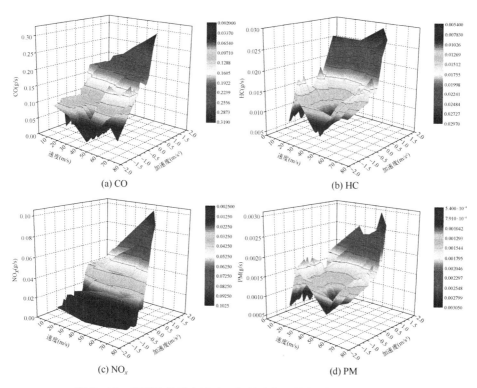

图 3-11　典型的机动车速度、加速度与污染物排放速率的关系

2. 机动车 VSP 与污染物排放速率的关系

典型的机动车 VSP 与污染物排放速率的关系如图 3-12 所示。机动车不同类型污染物的排放速率均随 VSP 的升高而增大，即当机动车急加速或瞬时输出功率较高时，污染物排放水平显著升高。

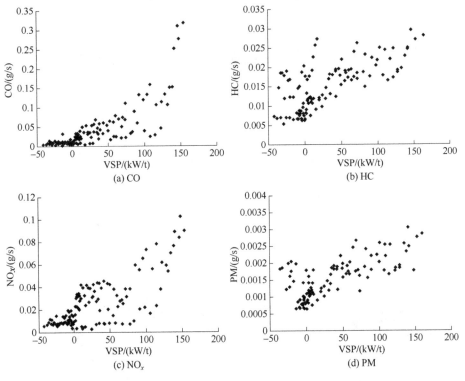

图 3-12 典型的机动车 VSP 与污染物排放速率的关系

二、本地行驶工况生成

机动车行驶工况直接影响其污染物的排放，计算机动车排放因子前，需要对研究区域机动车的实际行驶特征进行综合分析并生成本地行驶工况。

1. 机动车行驶工况生成方法

目前广泛采用的机动车行驶工况生成方法是利用特征参数法建立一段 900～

1200s 的速度-时间（*v-t*）曲线作为城市典型行驶工况[120]。特征参数法是运用统计学的方法从实际测量数据的总体样本中解析和提取 11 个常用的机动车行驶特征参数[121]（表 3-6），用来完整描述总体样本的行驶工况特征。

表 3-6　机动车行驶特征参数

序号	机动车行驶特征参数	单位	缩写
1	平均速度（包括怠速过程）	km/h	v_1
2	平均速度（不包括怠速过程）	km/h	v_2
3	所有加速状态的平均加速度	m/s²	A
4	所有减速状态的平均加速度	m/s²	D
5	怠速状态的时间比例	%	P_i
6	加速状态的时间比例	%	P_a
7	匀速状态的时间比例	%	P_c
8	减速状态的时间比例	%	P_d
9	正加速度动能	m/s²	PKE
10	相对正加速度	m/s²	RPA
11	每 100m 速度震荡次数	次	FDA

注：加速状态，加速度>0.1m/s²；匀速状态，−0.1m/s²≤加速度≤0.1m/s²；减速状态，加速度<0.1m/s²。

本书生成本地行驶工况主要包括备选工况选取、判定准则数计算和吻合度评价三个步骤。

（1）备选工况选取

从所有车载测试获取的工况数据中随机选取一段 900～1200s 的连续工况数据区间作为备选工况。

（2）判定准则数计算

以 11 个机动车行驶特征参数作为判定准则数，利用 Matlab 软件分别计算备选工况和整体工况的特征参数值，并判断两者的吻合度。

（3）吻合度评价

如果备选工况和整体工况的吻合度不够好，则重新选择备选工况区间并重新计算行驶特征参数，直到吻合度达到预期，此时则可以认为备选工况可以作为典型的行驶工况。

2. 天津市机动车行驶工况

（1）机动车速度-加速度工况点分布

根据不同时段机动车实际道路车载测试数据，得出天津市典型的机动车速度-加速度工况点分布，如图 3-13 所示。测试车辆在测试路线高峰期的车速大多集中在 0～40km/h，非高峰期的车速大多集中在 0～70km/h，分布较为均匀，两者加速度均集中在±1m/s²之间。

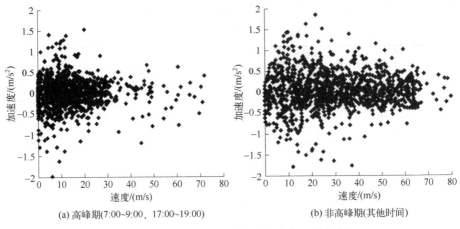

(a) 高峰期(7:00~9:00, 17:00~19:00)　　　　(b) 非高峰期(其他时间)

图 3-13　典型的机动车速度、加速度工况点分布

（2）机动车本地行驶工况

采用特征参数法生成的天津市机动车行驶工况如图 3-14 所示，天津市机动车行驶特征参数及其与欧美工况的对比如表 3-7 所示。欧洲 NEDC 工况和美国 FTP 工况在目前我国的机动车排放研究中应用较为广泛。但是基于实际道路测试结果发现，天津市机动车行驶工况与 NEDC 工况和 FTP 工况仍存在一定差异，如天津市机动车平均速度（v_1）比 NEDC 工况低 17.77%，每 100m 速度振荡次数（FDA）比 NEDC 工况高 694.12%；天津市机动车加速状态时间比例（P_a）和减速状态时间比例（P_d）均高于欧美工况。这些差异也说明了直接采用欧美工况进行本地机动车排放的模拟会产生较大误差，因此开发基于本地行驶工况的机动车排放模型十分必要。

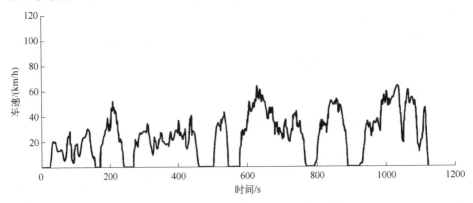

图 3-14　采用特征参数法生成的天津市机动车行驶工况

道路交通排放模型与污染控制

表 3-7　天津市机动车行驶特征参数及其与欧美工况的对比

类别	v_1/ (km/h)	v_2/ (km/h)	A/ (m/s²)	D/ (m/s²)	P_i/%	P_a/%	P_c/%	P_d/%	PKE/ (m/s²)	RPA/ (m/s²)	FDA
天津工况	27.63	36.89	0.51	−0.51	12.98	36.85	21.27	33.18	0.37	0.18	1.35
欧洲NEDC工况	33.60	44.40	0.48	−0.68	25.00	27.00	29.00	19.00	0.22	0.12	0.17
美国FTP75工况	34.20	38.80	0.56	−0.67	19.00	36.00	16.00	30.00	0.35	0.18	0.59

三、行驶工况 VSP-bin 频率分布

1. 不同速度区间典型行驶工况

为了分析不同行驶工况的 VSP-bin 分布，对照表 3-1 的 VSP-bin 划分标准中对不同速度区间的定义，将机动车行驶工况进一步细分为低速行驶工况（1.6km/h≤v<40km/h）、中速行驶工况（40km/h≤v<80km/h）和高速行驶工况（v≥80km/h）。基于特征参数法，将平均速度处于同一区间的工况进行聚类，解析得到天津市不同速度区间的机动车典型行驶工况，如图 3-15 所示。

2. 典型行驶工况 VSP-bin 的频率分布

基于不同速度区间机动车典型行驶工况结果，对照表 3-1 的 VSP-bin 划分标准，确定各工况 VSP-bin 的频率分布，如图 3-16 和表 3-8 所示。

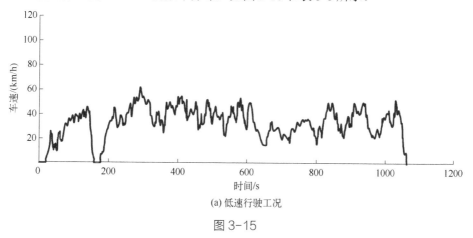

(a) 低速行驶工况

图 3-15

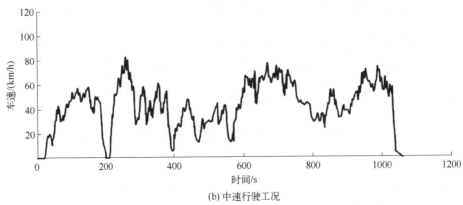

(b) 中速行驶工况

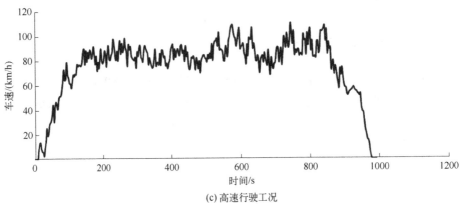

(c) 高速行驶工况

图 3-15 不同速度区间机动车典型行驶工况

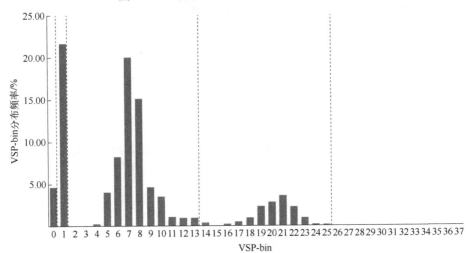

(a) 低速行驶工况VSP-bin频率分布

道路交通排放模型
与污染控制

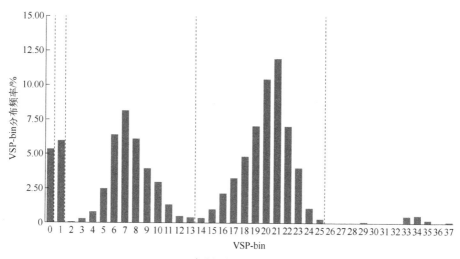

(b) 中速行驶工况VSP-bin频率分布

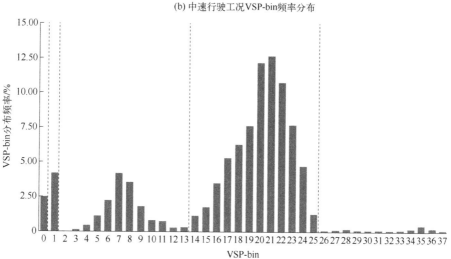

(c) 高速行驶工况VSP-bin频率分布

图 3-16 机动车不同典型行驶工况 VSP-bin 的频率分布

虚线从左至右区域分别对应 VSP-bin 划分标准中的 "减速" "怠速" "低速" "中速" "高速" 五个速度区间段

表 3-8 机动车不同典型行驶工况在 VSP-bin 各速度区间段的分布频率   单位：%

VSP-bin 速度区间段	低速行驶工况	中速行驶工况	高速行驶工况
减速（bin0）	4.60	5.32	2.53
怠速（bin1）	21.58	5.93	4.22
低速（bin2~bin13）	58.99	33.52	15.86
中速（bin14~bin25）	14.84	53.64	75.35
高速（bin26~bin37）	0.00	1.51	2.03

由图3-16和表3-8可知,机动车不同典型行驶工况的VSP-bin分布具有以下规律:

① 机动车不同典型行驶工况 VSP-bin 的频率分布存在一定差异;

② 机动车各典型行驶工况分布于 bin0(减速)、bin1(怠速)、bin6～bin8(低速)、bin19-bin23(中速)的频率相对较高;

③ 对于除了减速和怠速以外的三个速度区间段,机动车行驶工况分布于各区间段的中 VSP-bin 的频率较高,分布于低 VSP-bin 和高 VSP-bin 的频率较低,呈现出"中间高、两边低"的特征;

④ 低速行驶工况分布于低速(bin2～bin13)区间段的频率最高,中速和高速行驶工况位于中速(bin14～bin25)区间段的频率最高,三种行驶工况分布于高速(bin26～bin37)区间段的频率极低甚至为零。

第四节　机动车排放因子模型建立

一、排放速率数据库构建

按车辆类型对所有车载测试结果进行聚类,对同一类型机动车属于同一 VSP-bin 编号的行驶工况下的排放结果进行分析,利用统计回归的方法,解析 VSP-bin 编号与排放速率之间的相关关系(图3-17),构建基于 VSP-bin 的机动车排放速率(g/s)数据库。

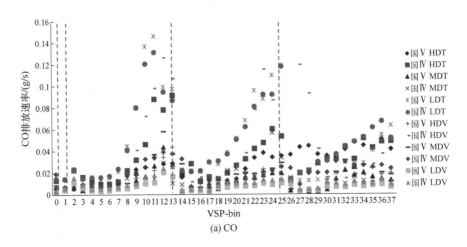

(a) CO

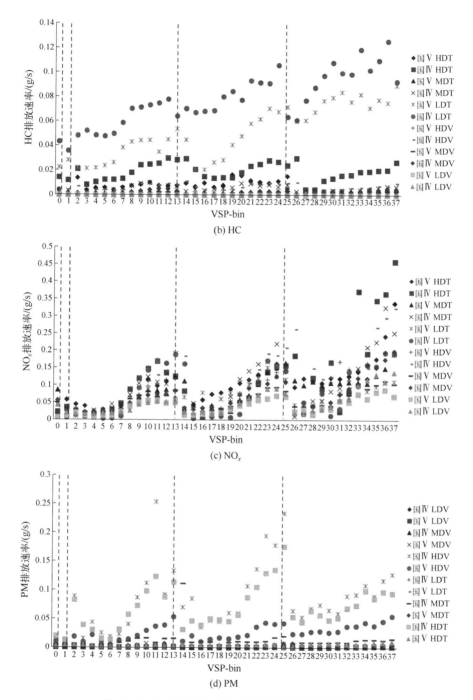

(b) HC

(c) NO$_x$

(d) PM

图 3-17 基于 VSP-bin 的机动车污染物排放速率

虚线从左至右区域分别对应 VSP-bin 划分标准中的"减速""怠速""低速""中速""高速"五个速度区间段

由图 3-17 可知，基于 VSP-bin 的机动车污染物排放速率具有以下规律：

① 不同类型机动车污染物排放速率与 VSP-bin 的对应关系存在差异；

② 对于除了减速和怠速外的三个 VSP-bin 速度区间段，各类型机动车的污染物排放速率在各区间段均随着 VSP-bin 的增大而增大；

③ 国Ⅳ机动车的排放速率总体上高于同类型国Ⅴ机动车；

④ 客车 CO 和 HC 的排放速率总体上高于货车，货车 NO_x 和 PM 的排放速率总体上高于客车。

二、排放因子计算

将机动车行驶工况 VSP-bin 频率分布乘以数据库中与这段工况对应的基于 VSP-bin 的排放速率，得到这段工况的污染物排放量（单位为 g），然后除以这段工况的行驶里程（单位为 km），即可得到这段工况的平均排放因子（单位为 g/km）。不同类型被测车辆的平均排放因子如表 3-9 所示。

表 3-9 不同类型被测车辆的平均排放因子   单位：g/km

车型	CO	HC	NO_x	PM
国Ⅳ LDV	6.81×10^{-1}	7.68×10^{-2}	3.09×10^{-2}	3.13×10^{-3}
国Ⅴ LDV	4.55×10^{-1}	5.87×10^{-2}	1.72×10^{-2}	2.95×10^{-3}
国Ⅳ MDV	2.06	1.05×10^{-1}	1.97×10^{-1}	7.06×10^{-3}
国Ⅴ MDV	1.99	1.02×10^{-1}	1.53×10^{-1}	6.97×10^{-3}
国Ⅳ HDV	2.25	1.06×10^{-1}	5.04	2.77×10^{-1}
国Ⅴ HDV	1.66	8.40×10^{-2}	4.00	1.40×10^{-1}
国Ⅳ LDT	2.40	1.69×10^{-1}	2.24	7.21×10^{-3}
国Ⅴ LDT	2.35	1.65×10^{-1}	2.17	6.83×10^{-3}
国Ⅳ MDT	1.72	1.05×10^{-1}	4.31	1.07×10^{-1}
国Ⅴ MDT	1.61	1.05×10^{-1}	3.62	2.12×10^{-2}
国Ⅳ HDT	2.21	1.34×10^{-1}	5.38	1.49×10^{-1}
国Ⅴ HDT	2.17	1.26×10^{-1}	4.62	3.04×10^{-2}

为方便后续机动车排放清单模型的嵌套耦合，将机动车典型工况按照速度进一步细分为 5～15km/h、15～25km/h、25～35km/h、35～45km/h、45～55km/h、

55～65km/h、65～75km/h、75～85km/h 共 8 个速度区间，依据最小二乘法，采用多项式拟合计算得到不同速度区间下被测车辆的排放因子，拟合结果见附录 B 中表 B 和图 3-18。由图 3-18 可知，不同类型机动车的排放因子均随速度的增大而降低。

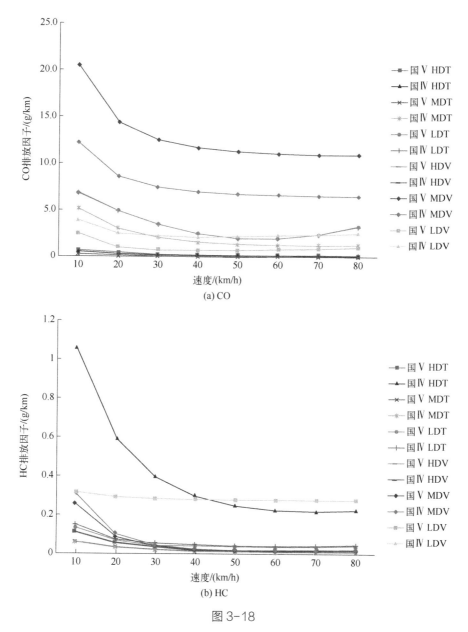

(a) CO

(b) HC

图 3-18

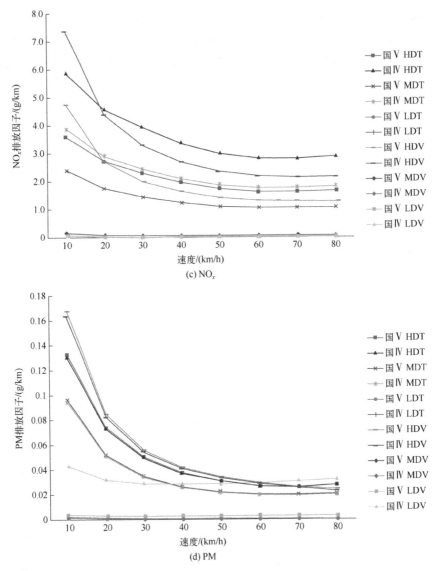

图 3-18　不同类型被测车辆的排放因子

三、排放因子验证和模型评价

从由20%的原始车载测试数据构成的验证数据库中随机选取一段行驶工况数据（图3-19），代入机动车排放因子模型计算该段工况的排放因子，并与该段工况对应的实测排放数据进行对比，对模型模拟结果进行验证。

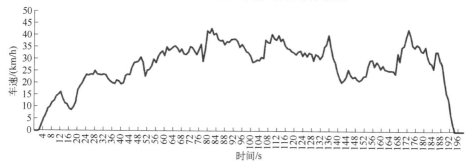

图 3-19　验证数据库中随机选取的行驶工况数据

基于图 3-19 的行驶工况数据得到的污染物瞬时排放速率和排放因子的实测值和模拟值对比及其相关关系，如图 3-20 所示。CO、HC、NO$_x$ 和 PM 的实测值和模拟值的相对误差分别为 5.01%、5.06%、5.18% 和 4.89%，两者基本一致且变化趋势十分吻合。因此，本书建立的排放因子模型能较好地反映机动车实际道路上的瞬态排放变化，且具有较强的准确性。

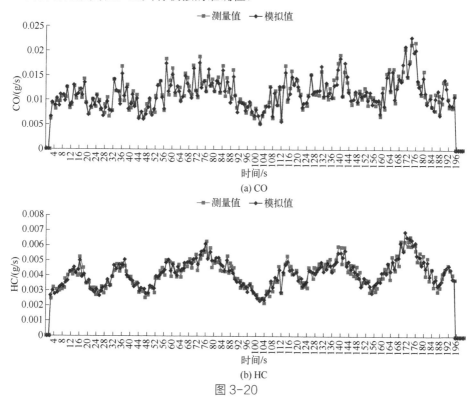

(a) CO

(b) HC

图 3-20

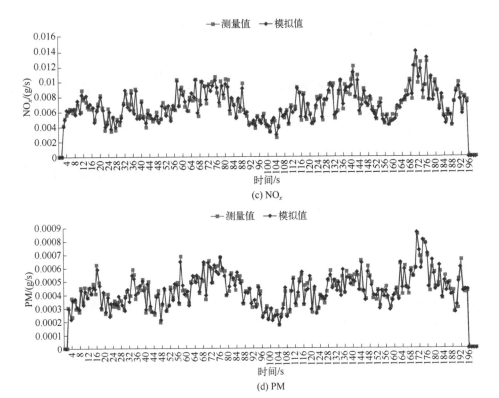

图 3-20　验证工况的污染物瞬时排放速率和排放因子实测值和模拟值对比及其相关关系

四、排放因子数据库更新

本书已有的机动车排放因子数据库是在英国 Transport Research Laboratory（TRL）的 TEEM（Transport and Enhanced Emissions Model）（该模型基于 COPERT 模型衍生而来）[122]的基础上发展而来的。经过十几年来在国内开展的大量机动车排放测试工作{除车载测试外，还包括台架测试［图 3-21（a）］、隧道测试［图 3-21（b）］、路边测试［图 3-21（c）］等}，该数据库已完全实现本地化修正并不断完善[6,123]。该排放因子库对应已有机动车环保分类体系，充分考虑机动车行驶特征与排放的关系，进而基于机动车平均速度进行拟合，其计算公式如下。

$$EF_{c,p} = \frac{a + bv + cv^2 + dv^3 + ev^4 + fv^5 + gv^6}{v} k$$

式中　下角 c——机动车类型；

下角 p——污染物种类，包括 CO、HC、NO_x、PM；

$EF_{c,p}$——车型 c 污染物 p 的排放因子，g/km；

$a{\sim}g$，k——模型拟合系数，无量纲；

v——机动车的平均速度，km/h。

(a) 台架测试

(b) 隧道测试

(c) 路边测试

图 3-21　本地机动车排放测试

本书基于实际道路车载测试，通过基于行驶工况的排放因子模型的开发，计算得到部分典型机动车的本地排放因子数据，对现有机动车排放因子数据库进行更新，为后续机动车排放清单模型开发提供数据基础。

更新后的机动车排放因子及其数据库如图 3-22 和图 3-23 所示。

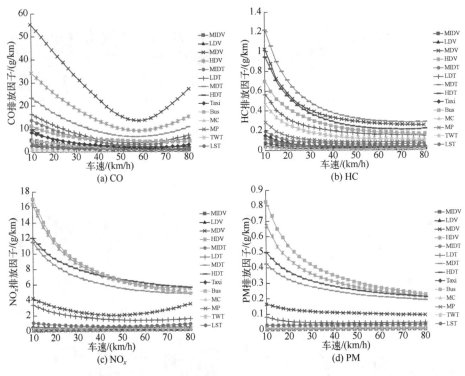

图 3-22　天津市典型机动车污染物平均排放因子

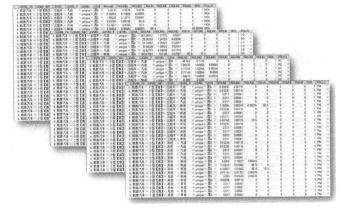

图 3-23　机动车排放因子模型数据库

道路交通排放模型
与污染控制

第四章　机动车路网活动水平

除了单个车辆的车辆性能、燃料类型、后处理技术等因素，路网机动车污染物排放量还与车队道路实际活动水平（交通流）特征密切相关。而机动车排放清单模型的构建也有赖于机动车路网活动水平特征的获取；反过来，机动车路网活动水平的精细化程度也决定了机动车排放清单的精细化程度。

本章基于机动车排放清单模型中交通数据的输入要求，针对天津市本地路网规划和建设的实际情况，综合运用实地监测手段、遥感检测技术、浮动车技术、交通分配模型等，采用多源异构数据融合方法，对天津市典型区域、典型道路的车流量、车速、车队构成等机动车实际活动水平特征进行调查和统计分析，并建立能反映机动车实际行驶特征且具有较高时空解析度的机动车活动水平数据库。

第一节　交通流基本理论

交通流基本理论是基于实际道路行驶特征的机动车排放模型开发的基础，这些理论包括交通流参数、交通流特征采集方法、交通地理信息系统等。

一、交通流参数

随着汽车工业的快速发展，交通流理论孕育而生。作为一门交叉学科，其目的是探究道路交通的基本规律，以支撑交通科学管理[124]。交通流理论认为，由于受到道路条件、交通环境等因素的影响，机动车的行驶状态会发生一定的变化，虽然这种变化较为复杂，但是基于大量的观测分析，可发现这些变化仍会呈现出一定的特征性倾向[125]。交通流参数即是用来表征交通流特征的物理量，其对于道路交通规划、设计、建设和管理有着重要意义。

交通流参数主要包括车流量（反映道路通行能力）、车速（反映道路服务水平）和车密度（反映道路服务水平）。作为交通流最重要的评价指标，这三个参数

的变化规律可用于表征道路交通流的基本性质[126]。三个参数之间的基本关系可表示为

$$Q = vk$$

式中　Q——车流量，辆/h；

　　　v——车速，km/h；

　　　k——车密度，辆/km。

Q-v-k 三参数之间的关系可用经典的三维模型[127]和二维模型[128]表示，分别如图 4-1 和图 4-2 所示。

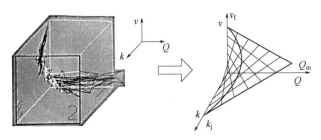

图 4-1　交通流三参数关系三维模型

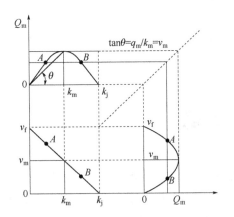

图 4-2　交通流三参数关系二维模型

Q_m—最大车流量，Q-v 曲线上的峰值；v_m—临界车速，车流量达到最大时的车速；k_m—最佳车密度，车流量达到最大时的车密度；k_j—阻塞车密度，车流密集到车辆无法移动时的密度；v_f—畅行车速，车密度趋于零、车辆基本畅行无阻时的车速

　　基于对车流量、车速、车密度的大量观测和统计分析，研究者们提出了多种交通流模型，不同的模型具有各自的适用范围，在实际运用中应加以区分。最常用交通流模型如下。

道路交通排放模型与污染控制

（1）Green Shields 模型

$$v = v_\mathrm{f}\left(1 - \frac{k}{k_\mathrm{j}}\right)$$

Green Shields 模型（线性模型）[129]适用于车密度中等的情况。

（2）Greenberg 模型

$$v = v_\mathrm{m}\ln\frac{k_\mathrm{j}}{k}$$

Greenberg 模型（对数模型）[130]适用于车密度较大的情况。

（3）Underwood 模型

$$v = v_\mathrm{f}\mathrm{e}^{-\frac{k}{k_\mathrm{m}}}$$

Underwood 模型（指数模型）[131]适用于车密度较小的情况。

二、交通流特征采集方法

根据检测器工作地点和技术原理的不同，交通流特征采集技术一般可分为移动型采集技术（可获取路段中的交通流特征数据）和固定型采集技术（可获取固定点位的交通流特征数据）[132]。

1. 移动型交通特征采集技术

移动型交通特征采集技术通常是指浮动车（floating car）技术。浮动车也被称为"探测车（probe car）"，是近年来国际智能交通系统（intelligent transport system，ITS）研究领域广泛采用的用来获取道路实时交通信息的先进手段之一[133]（图 4-3）。

浮动车通常是指装载有车载 GPS（全球定位系统，global positioning system）设备并在城市路网中行驶的出租车和公交车。浮动车的车载 GPS 设备可以定期、实时地记录其在行驶过程中的位置、速度和方向等信息，这些信息经过进一步处理，即可得到与城市路网关联的路段交通信息[134]。如果路网中浮动车的数量足够大，则可通过数据挖掘手段，获取分配至全路网的、具有较高时空分辨率的机动车活动水平数据。浮动车技术的优点是技术成熟、成本低廉、覆盖范围广、时空分辨率高、精度高，缺点是无法在室内停车场、隧道等非开放地点使用。

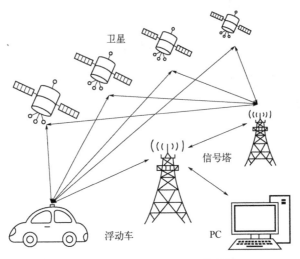

图4-3 移动型交通特征采集技术

2. 固定型交通特征采集技术

固定型交通特征采集技术主要是指利用布设在固定点位上的检测设备,对途经该点位的车辆进行检测,从而实现交通流特征信息的采集。固定型采集技术主要包括波频 [图 4-4 (a)]、视频 [图 4-4 (b)]、磁频 [图 4-4 (c)]、射频 [图 4-4 (d)] 等技术。

(1) 波频采集技术

波频采集技术(wave vehicle detection)主要分为主动和被动两种[135]。主动式波频采集技术是指检测器主动地向位于道路上的检测区域发射一定的波束,当有车辆经过检测区域时,该波速就会被反射回来,检测器监测反射波束并进一步处理成交通信息,此类型的检测设备主要有超声波检测器、微波检测器、主动红外线检测器等。被动式波频采集技术是指检测器被动地接收途经道路上检测区域的车辆自身发射出来的波束,并进一步处理成交通信息,此类型的检测设备主要有被动声学检测器、被动红外线检测器等。

(2) 视频采集技术

视频采集技术(video vehicle detection)是指利用图像识别技术将视频摄像机采集到的连续模拟图像转化为离散数字图像,并借助计算机进行进一步处理分析,从而获得车流量、车速、车型、车道占有率等数据。但是该技术容易受到光线强弱的影响,并且对拍摄角度要求较高[136]。

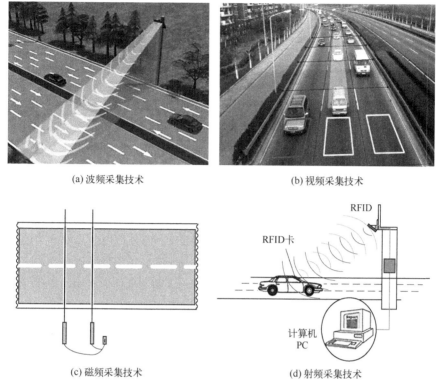

(a) 波频采集技术   (b) 视频采集技术

(c) 磁频采集技术   (d) 射频采集技术

图 4-4　固定型交通特征采集技术

（3）磁频采集技术

磁频采集技术（magnetic vehicle detection）的基本原理是当车辆经过位于道路上的检测区域时，检测区域内的电磁信号即发生改变，检测器内的电流在电磁感应的作用下会出现跳跃式上升，若此电流超过指定的阈值，交通记录仪即被触发并工作，从而检测到车辆数和通过时间[137]。此类型的检测设备主要包括磁力检测器、环形感应线圈检测器等。

（4）射频采集技术

射频采集技术（radio frequency identification，RFID）是基于电磁波的反射能量实现数据交换和通信的一种非接触式自动识别技术，因此又被称作"无线射频识别技术"[138]。RFID 利用射频信号自动识别经过道路上检测区域的目标车辆，并与目标车辆上已安装的 RFID 电子标签中的内存数据进行信息交换，从而实现路段车流量、车速、车队构成等动态交通信息的采集[139]。RFID 具有识别距离远、可储存信息多、识别高速物体、无须人工干预、读取速度快等特点，尤其是适合在智能交通领域应用。

三、交通地理信息系统

地理信息系统（geography information system，GIS）是指用于空间数据收集、管理、操作、分析和显示的计算机软、硬件系统[140]。GIS 本质上是一种空间数据库管理系统，基本思想是将地球表层信息分成不同的图层，每个图层都是包含相同或相似事物对象的集合。GIS 不仅具有一般数据库系统数据输入、存储、查询和显示等的基本功能，也能用于空间查询和分析。用户还可以根据需要创建适合的分析模型、服务评价、管理和决策需求。

交通地理信息系统（geography information system for transportation，GIS-T）是 GIS 技术在交通规划、设计、管理等领域的延伸和具体应用[141]。GIS-T 的主要交通数据类型包括空间信息（如交通分区、设施分布、道路网络等）和对应的属性信息（交通分区属性数据库、设施属性数据库、路网属性数据库、道路等级、交通流量、路面状况、图像数据等）。GIS-T 可实现的功能包括路网管理、空间查询、路径优化、统计分析、空间分析、栅格显示、专题制图等。

第二节　机动车路网活动水平数据获取

机动车排放清单模型的构建有赖于机动车路网活动水平特征的获取，反过来，机动车路网活动水平的精细化程度也决定了机动车排放清单的精细化程度。基于实际道路交通流信息，樊守彬等[142]和刘登国等[143]分别对北京市及上海市的机动车污染物进行了测算，结果显示对机动车活动水平进行详细调查将有助于道路机动车排放清单的精确计算。目前以机动车污染物排放核算为目的而开展的天津本地路网交通状况的研究较少，且时间较早。崔杰等[144]和叶身斌等[145]分别于2000 年及 2006 年对天津部分道路的车流量和车型分布进行了调查及统计分析。然而，由于近年来机动车环保管理政策的不断出台，尤其是 2013 年国务院发布《大气污染防治行动计划》以来，天津市开始逐步实施机动车限行限购、淘汰黄标车和老旧车、执行国 V 排放标准等措施，加之城市功能区划的更新和道路建设规模的扩大，当前天津市道路交通状况，尤其是车流量、车速、车队构成等用于精确核算全路网机动车污染物的重要交通参数[6]相比过去发生了较大变化。因此，及时开展现阶段道路机动车实际活动水平特征研究对于科学评估天津市机动车污染物排放现状具有重要意义。

本书基于机动车排放清单模型中交通数据的输入要求，针对天津市本地路网规划和建设的实际情况，综合运用实地监测手段、遥感检测技术、浮动车技术、交通分配模型等，采用多源异构数据融合方法，对天津市典型区域［分为市区（包括中心城区、滨海新区核心区）、远郊区］、典型道路（分为快速路、主干路、次干路、支路）的机动车实际活动水平特征进行调查和统计分析。

在本书中，用于"自下而上"机动车排放清单构建的路网活动水平特征主要包括道路车流量、车速、车队构成等参数。本书中采用的机动车活动水平数据调查表见附录 C 中表 C1～表 C5。

一、基于实地监测手段的活动水平获取

1. 监测道路和点位

综合考虑天津市城市功能区划、道路特点、现场监测条件，以及机动车污染物分布特点和管控需求等因素，选取中心城区典型的快速路、主干路、次干路和支路，以及远郊区［大港（原为天津市大港区，现为天津市滨海新区大港街道，作为远郊区，其道路规划和交通特点具有较强的代表性）］典型的主干路和次干路进行现场实地监测，共监测道路 16 条。机动车路网活动水平实地监测道路和点位分别如表 4-1 和图 4-5 所示。

表 4-1　机动车路网活动水平实地监测道路和点位基本信息

编号	区域类别	道路名称	道路类型	车道数	监测时间	货车限行时段	监测点经纬度
1	中心城区	外环西路	快速路	双向八车道	2019 年 3 月	每日7:00～22:00	117.201887°E, 39.043879°N
2	中心城区	简阳路	快速路	双向八车道	2019 年 3 月	每日7:00～22:00	117.13895°E, 39.116794°N
3	中心城区	复康路	主干路	双向八车道	2019 年 3 月	每日7:00～22:00	117.170064°E, 39.105501°N
4	中心城区	曲阜道	主干路	双向八车道	2019 年 3 月	每日7:00～22:00	117.218861°E, 39.122228°N
5	中心城区	白堤路	次干路	双向六车道	2019 年 3 月	每日7:00～22:00	117.162547°E, 39.114584°N

编号	区域类别	道路名称	道路类型	车道数	监测时间	货车限行时段	监测点经纬度
6	中心城区	张自忠路	次干路	双向四车道	2019年3月	每日7:00～22:00	117.213173°E, 39.138197°N
7	中心城区	鞍山西道	次干路	双向四车道	2019年4月	每日7:00～22:00	117.186236°E, 39.120109°N
8	中心城区	河北路	支路	单向二车道	2019年4月	每日7:00～22:00	117.196749°E, 39.13367°N
9	中心城区	赤峰道	支路	单向二车道	2019年4月	每日7:00～22:00	117.219336°E, 39.137243°N
10	中心城区	成都道	支路	双向二车道	2019年4月	每日7:00～22:00	117.213897°E, 39.12293°N
11	远郊区（大港）	学府路	主干路	双向八车道	2019年10月	不限行	117.477896°E, 38.864697°N
12	远郊区（大港）	西环路	主干路	双向八车道	2019年10月	不限行	117.443707°E, 38.855718°N
13	远郊区（大港）	东环路	主干路	双向六车道	2019年10月	不限行	117.494948°E, 38.837892°N
14	远郊区（大港）	世纪大道	主干路	双向六车道	2019年10月	不限行	117.495586°E, 38.852281°N
15	远郊区（大港）	南环路	主干路	双向八车道	2019年10月	不限行	117.494858°E, 38.837885°N
16	远郊区（大港）	迎宾街	次干路	双向四车道	2019年10月	不限行	117.467995°E, 38.842958°N

注："货车限行时段"是指监测期间除持有通行证和专项作业货车以外的货车限行时段。

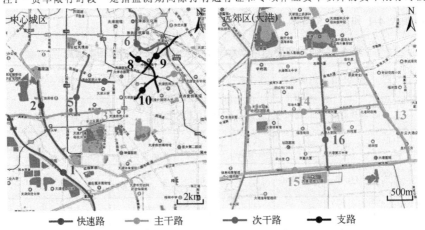

图 4-5 机动车路网活动水平实地监测点位

图中监测点位编号对应道路名称见表 4-1

2. 监测时段

每条道路连续监测 7 天（含 5 个工作日和 2 个非工作日），每天监测时段为 6:00～24:00（18h/天，涵盖高峰期和平峰期）。

3. 监测指标

监测指标包括道路车流量、车速、车队构成等。

4. 监测仪器和方法

监测仪器包括 AxleLight RLU 11 型路侧激光交通调查仪（车流量、车速、车队构成）[146]、UMRR 型多车道测速雷达仪（车流量、车速、车队构成）[147]、Hi-Pro MTC 10 型车辆打点计数器（车流量、车队构成）、视频录像机（车流量、车队构成）等。仪器根据实际条件布设在安全且视野开阔的路边无遮挡处或路中交通龙门架上（图 4-6）；快速路、主干路的监测点位距离道路交叉口>250m，次干路、支路的监测点位距离交叉口>50m。

图 4-6　机动车路网活动水平实地监测仪器布设

实地监测仪器和方法如下。

（1）AxleLight RLU 11 型路侧激光交通调查仪

AxleLight RLU 11 型路侧激光交通调查仪的基本原理：安置在路边的检测器向监测区域发射激光光束，当有车辆经过检测区域时，该激光光束会被车轮反射回来并被检测器接收，从而计算车流量和车速，并基于轴距大小对车辆进行分型统计（图 4-7）。

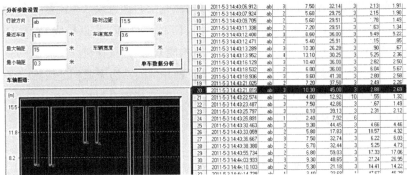

图 4-7 AxleLight RLU 11 型路侧激光交通调查仪

（2）UMRR 型多车道测速雷达仪

UMRR 型多车道测速雷达仪布设在道路中间龙门架上，其发射的宽波束可覆盖所有车道，通过多目标跟踪技术来精确定位通过监测点位的车辆，并统计道路车流量、车速、车队构成信息（图 4-8）。

道路交通排放模型
与污染控制

图 4-8 UMRR 型多车道测速雷达仪

（3）Hi-Pro MTC 10 型车辆打点计数器

Hi-Pro MTC 10 型车辆打点计数器是一种手持式电子交通调查设备，通过路边人工手动记录通过监测区域的车流量和车队构成信息（图 4-9）。

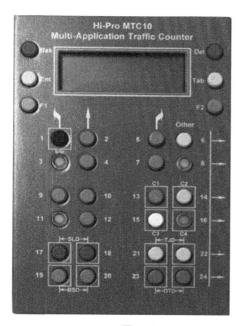

图 4-9 Hi-Pro MTC 10 型车辆打点计数器

（4）视频录像机+人工甄别/图像识别

视频录像机（图 4-10）可记录监测点位的过车影像数据，现场监测结束后，利用人工甄别，统计被测路段的车流量、车队构成信息；也可利用图像甄别技术，将采集到的车辆号牌信息与机动车注册数据库（不含车主个人信息）（图 4-11）进行比对，进而识别车辆类型。

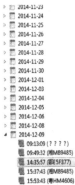

图 4-10　视频录像机+人工甄别/图像识别

5. 监测结果

将各仪器设备监测结果之间进行综合比对和修正，得到各典型道路工作日和非工作日的车流量、车速和车队构成信息，分别见附录 D 中表 D1～表 D3。

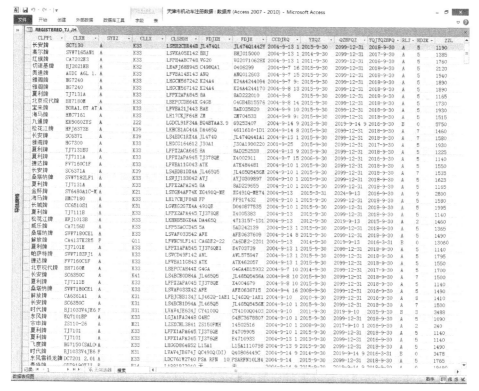

图 4-11　天津市机动车注册数据库

二、基于遥感检测技术的活动水平获取

作为一种非接触式光学测量手段，遥感检测技术可用于在实际道路上行驶的机动车的尾气排放研究[148]，其工作原理如图 4-12 所示。由于机动车尾气中不同的气态污染物对可见光和紫外线中的部分波段具有一定的吸收作用，利用道路一侧的光束发射器发射人工光源，另一侧对应的接收装置接收穿过检测区域机动车尾气的光束，中控系统根据接收光的波长和强度变化进一步推算出机动车尾气中各类气态污染物组分的浓度[149]。遥感检测系统在工作时，会同步记录车流量和车型信息。20 世纪 80 年代末，机动车尾气遥感检测技术最早在美国出现，现已在全球得到推广和应用。

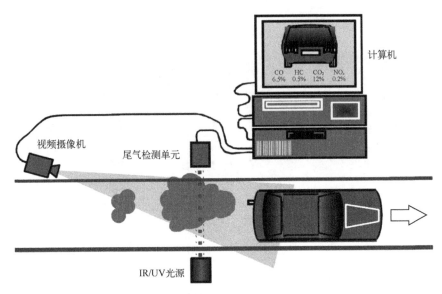

图 4-12　机动车尾气遥感检测技术工作原理

　　为增强机动车污染监管力度，目前天津市已在各市辖区典型道路分别布设了一套机动车尾气遥感检测门站（图 4-13），共 18 套（其中，滨海新区由原塘沽区、汉沽区、大港区合并而成，滨海新区在原来三区各布设了一个门站）。天津市机动车尾气遥感检测门站布设点位如图 4-14 所示，尾气遥感检测门站监控道路基本信息如表 4-2 所示。

图 4-13　天津市机动车尾气遥感检测门站

道路交通排放模型
与污染控制

图4-14 天津市机动车尾气遥感检测门站布设点位

表4-2 天津市机动车尾气遥感检测门站监控道路基本信息

编号	行政区	区域类别	道路名称	道路类型	车道数
1	虹桥	中心城区	丁字沽南大街	快速路	双向八车道
2	和平	中心城区	云南路	次干路	双向四车道
3	南开	中心城区	宾水西道	次干路	双向六车道
4	河西	中心城区	大沽南路	快速路	双向六车道
5	河北	中心城区	中山北路	主干路	双向六车道
6	河东	中心城区	八纬北路	次干路	双向四车道
7	滨海塘沽	滨海新区核心区	新港三号路	次干路	双向六车道
8	东丽	远郊区	外环东路	快速路	双向八车道
9	西青	远郊区	赛达大道	主干路	双向六车道
10	津南	远郊区	津沽线	主干路	双向六车道
11	滨海大港	远郊区	南环路	主干路	双向八车道
12	滨海汉沽	远郊区	滨唐线	快速路	双向八车道

编号	行政区	区域类别	道路名称	道路类型	车道数
13	静海	远郊区	团泊湖大道	快速路	双向六车道
14	宁河	远郊区	津榆线	快速路	双向六车道
15	宝坻	远郊区	渠阳大街	主干路	双向六车道
16	蓟州	远郊区	津围线	快速路	双向六车道
17	武清	远郊区	福源道	快速路	双向六车道
18	北辰	远郊区	南仓道	快速路	双向八车道

本书主要基于上述 18 个遥感检测门站 2019 年全年过车数据（数据库见图 4-15），开展进一步统计分析，挖掘天津市各区典型道路的机动车活动水平信息。各区道路工作日和非工作日的车流量和车队构成结果分别见附录 E 中表 E1 和表 E2。

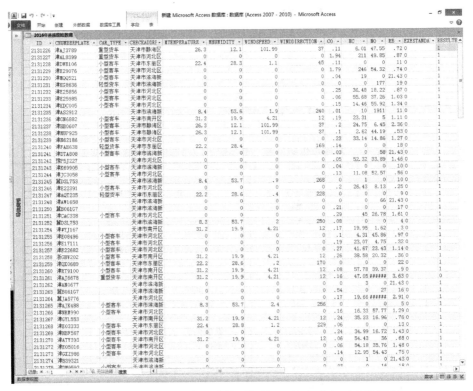

图 4-15　天津市机动车遥感检测门站 2019 年全年过车数据库

三、基于浮动车技术的活动水平获取

基于浮动车技术的活动水平获取包括浮动车数据采集、浮动车数据处理、车流量推演三项内容。

1. 浮动车数据采集

浮动车技术本质上是基于交通流的实时样本数据推演得到路网整体动态交通流[150]。本书采集了覆盖天津市中心城区和滨海新区核心区 2019 年 10 月 18 日～31 日共两周的浮动车数据（floating car data，FCD），数据间隔为 15s，采取统一格式存储为数据库（图 4-16、表 4-3）。天津市浮动车平均样本较好地覆盖了中心城区和滨海新区核心区的主要路段（图 4-17），可以满足后续分析需要。

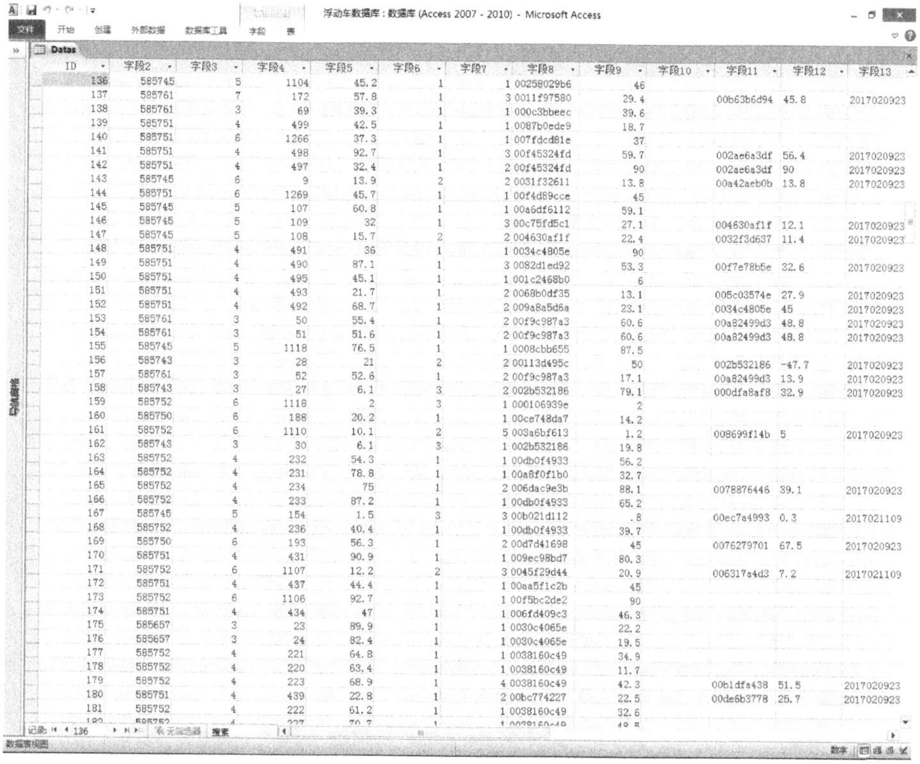

浮动车数据库：数据库 (Access 2007 - 2010) - Microsoft Access

Datas

ID	字段2	字段3	字段4	字段5	字段6	字段7	字段8	字段9	字段10	字段11	字段12	字段13
136	585745	5	1104	45.2	1	1	00258029b6	46				
137	585761	7	172	57.8	1	3	0011f97580	29.4		00b63b6d94	45.8	2017020923
138	585761	3	69	39.3	1	1	000c3bbeec	39.6				
139	585751	4	499	42.5	1	1	0087b0ede9	18.7				
140	585751	6	1266	37.3	1	1	007fdcd81e	37				
141	585751	4	498	92.7	1	3	00f45324fd	59.7		002ae6a3df	56.4	2017020923
142	585751	4	497	32.4	1	2	00f45324fd	90		002ae6a3df	90	2017020923
143	585745	6	9	13.9	2	2	0031f32611	13.8		00a42aeb0b	13.8	2017020923
144	585751	6	1269	45.7	1	1	00f4d89cce	45				
145	585745	5	107	60.8	1	1	00a6df6112	59.1				
146	585745	5	109	32	1	3	00c75fd5c1	27.1		004630af1f	12.1	2017020923
147	585745	5	108	15.7	2	2	004630af1f	22.4		0032f3d637	11.4	2017020923
148	585751	4	491	36	1	1	0034c4805e	90				
149	585751	4	490	87.1	1	3	0082d1ed92	53.3		00f7e78b5e	32.6	2017020923
150	585751	4	495	45.1	1	1	001c2468b0	6				
151	585751	4	493	21.7	1	2	0068b0df35	13.1		005c03574e	27.9	2017020923
152	585751	4	492	68.7	1	2	009a8a5d6a	23.1		0034c4805e	45	2017020923
153	585761	3	50	55.4	1	2	00f9c987a3	60.6		00a82499d3	48.8	2017020923
154	585761	3	51	51.6	1	2	00f9c987a3	60.6		00a82499d3	48.8	2017020923
155	585745	5	1118	76.5	1	1	0008cbb655	87.5				
156	585743	3	28	21	2	2	00113d495c	50		002b532186	-47.7	2017020923
157	585761	3	52	52.6	1	2	00f9c987a3	17.1		00a82499d3	13.9	2017020923
158	585743	3	27	6.1	3	2	002b532186	79.1		000dfa8af8	32.9	2017020923
159	585752	6	1118	2	3	1	000106939e	2				
160	585750	6	188	20.2	1	1	00ce748da7	14.2				
161	585752	6	1110	10.1	2	5	003a6bf613	1.2		008699f14b	5	2017020923
162	585743	3	30	6.1	3	1	002b532186	19.8				
163	585752	4	232	54.3	1	1	00db0f4933	56.2				
164	585752	4	231	78.8	1	1	00a8f0f1b0	32.7				
165	585752	4	234	75	1	2	006dac9e3b	88.1		0078876446	39.1	2017020923
166	585752	4	233	87.2	1	1	00db0f4933	65.2				
167	585745	5	154	1.5	3	3	00b021d112	.8		00ec7a4993	0.3	2017021109
168	585752	4	236	40.4	1	1	00db0f4933	39.7				
169	585750	6	193	56.3	1	2	00d7d41698	45		0076279701	67.5	2017020923
170	585751	4	431	90.9	1	1	009ec98bd7	80.3				
171	585752	6	1107	12.2	2	3	0045f29d44	20.9		006317a4d3	7.2	2017021109
172	585751	4	437	44.4	1	1	00aa5f1c2b	45				
173	585752	6	1106	92.7	1	1	00f5bc2de2	90				
174	585751	4	434	47	1	1	006fd409c3	46.3				
175	585657	3	23	89.9	1	1	0030c4065e	22.2				
176	585657	3	24	82.4	1	1	0030c4065e	19.5				
177	585752	4	221	64.8	1	1	0038160c49	34.9				
178	585752	4	220	63.4	1	1	0038160c49	11.7				
179	585752	4	223	68.9	1	4	0038160c49	42.3		00b1dfa438	51.5	2017020923
180	585751	4	439	22.8	1	2	00bc774227	22.5		00de6b3778	25.7	2017020923
181	585752	4	222	61.2	1	1	0038160c49	32.6				

图 4-16 天津市浮动车数据库

表 4-3   天津市浮动车数据库主要字段

序号	字段名字	字段说明
1	SERVERID	服务 ID
2	AREACODE	区域编码
3	VEHICLETYPE	车辆类型
4	VEHICLEMODE	车辆模式
5	VEHICLENUM	车辆编号
6	PLATECOLOR	号牌颜色
7	LONGITUDE	经度
8	LATITUDE	纬度
9	SPEED	速度
10	ALTITUDE	海拔
11	DIRECTION	方向
12	RECORDTIME	记录时间
13	X	X 坐标
14	Y	Y 坐标

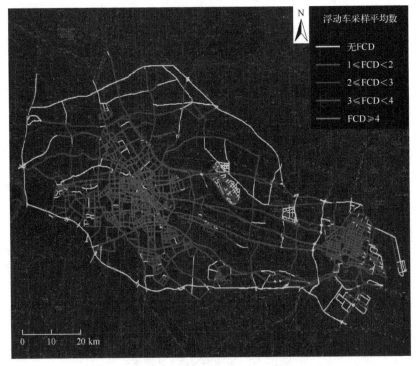

图 4-17   天津市主要道路浮动车平均样本分布

2. 浮动车数据处理

基于浮动车的行驶轨迹和车速等信息，经过一系列计算和挖掘，即可获得以5min为周期的各路段平均速度。浮动车数据的处理主要包括数据预处理、地图匹配和路径推测、路段平均车速计算三部分[151]。

（1）数据预处理

在浮动车采集数据时，由于受到信号盲区、GPS设备故障、通信故障等多种随机因素的影响，难免会出现数据丢失、数据错误的情况（如孤点、漂移等），因此需要对其进行预处理，识别和筛选错误或丢失的数据。

（2）地图匹配和路径推测

浮动车返回的GPS数据只能表示车辆的位置信息，并未直接与对应的路段相关联。基于"车辆始终在道路上行驶"的假设、模式识别理论和GIS-T技术，地图匹配通过将浮动车在不同时刻采集的经纬度坐标数据转为矢量位置数据，校正GPS定位的误差，并将GPS数据反映的车辆位置点或行驶轨迹信息，与该点或轨迹附近的道路进行时间和空间匹配，最终获得浮动车在实际路段或路网的行驶状态数据。

（3）路段平均车速计算

由于浮动车返回的速度信息是在GPS设备上传点位的瞬时速度值，而该值的影响因素较多，不能真实反映路段的平均车速。经过地图匹配和路径推测后的单个浮动车的数据可以反映车辆在一定旅行时间内的实际行驶轨迹和旅行距离，该周期两点之间的旅行距离和旅行时间之商，即为该浮动车的单车车速，即

$$v = \frac{L}{\Delta \mathrm{GPSTime}}$$

式中　　v——浮动车单车车速，km/h；

L——浮动车旅行距离，km；

$\Delta \mathrm{GPSTime}$——浮动车旅行时间，h。

根据浮动车单车车速的总体样本可进一步计算路网和路段的平均车速。首先，基于一定时间段内各浮动车的单车车速，将道路路况划分为畅通、缓慢、拥堵、严重拥堵4个级别（图4-18），并按照道路类型确定各路况级别的车速阈值；然后，根据各路段不同路况条件下浮动车车速频率分布情况进行加权平均，计算得到路段平均车速。

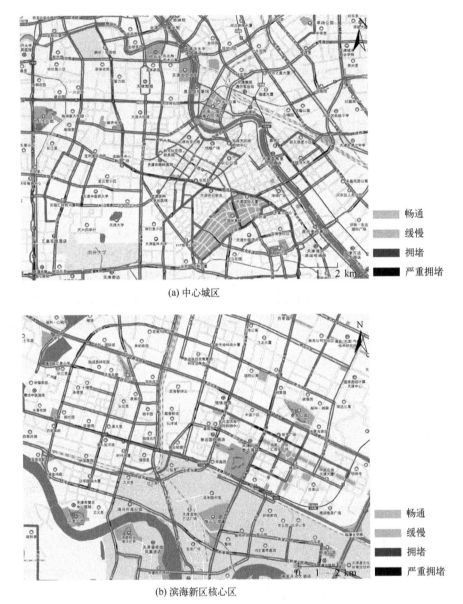

畅通
缓慢
拥堵
严重拥堵

(a) 中心城区

畅通
缓慢
拥堵
严重拥堵

(b) 滨海新区核心区

图 4-18　基于浮动车技术的天津市路网拥堵状况

3. 车流量推演

根据交通流基本理论中车流量、车速、车密度三参数之间的关系，以及 Green

Shields 模型、Greenberg 模型、Underwood 模型，基于由浮动车数据获得的路段平均车速，可推演出路段车流量。

本书利用实地监测手段和遥感检测技术获取的典型道路车流量信息，结合浮动车数据，按照快速路、主干路、次干路、支路四种道路类型分别建立车流量-车速模型，如表 4-4 所示。

表 4-4　天津市不同类型道路车流量-车速模型拟合结果

道路类型	模型	公式	拟合优度 R^2
快速路	Green Shields 模型	$Q = 96.34v\left(1 - \dfrac{v}{64.52}\right)$	0.7628
	Greenberg 模型	$Q = 323.22ve^{-\frac{v}{17.98}}$	0.6675
	Underwood 模型	$Q = 57.43v\ln\dfrac{79.01}{v}$	0.8134
主干路	Green Shields 模型	$Q = 138.97v\left(1 - \dfrac{v}{43.22}\right)$	0.6432
	Greenberg 模型	$Q = 250.09ve^{-\frac{v}{20.12}}$	0.8201
	Underwood 模型	$Q = 51.98v\ln\dfrac{64.40}{v}$	0.8584
次干路	Green Shields 模型	$Q = 71.22v\left(1 - \dfrac{v}{43.53}\right)$	0.5919
	Greenberg 模型	$Q = 86.78ve^{-\frac{v}{20.14}}$	0.7855
	Underwood 模型	$Q = 26.74v\ln\dfrac{62.01}{v}$	0.8364
支路	Green Shields 模型	$Q = 52.32v\left(1 - \dfrac{v}{39.55}\right)$	0.6172
	Greenberg 模型	$Q = 76.19ve^{-\frac{v}{16.57}}$	0.7789
	Underwood 模型	$Q = 19.89v\ln\dfrac{46.74}{v}$	0.8493

由表 4-4 可知，对于天津市不同类型道路，Underwood 模型的拟合优度 R^2 最接近 1，其对 Q-v 的拟合效果最好。因此，本书选用 Underwood 模型推演天津市各类型道路的车流量，其公式如下。

$$Q = k_m v \ln \frac{v_f}{v}$$

式中　v——路段平均车速，km/h；

　　　Q——车速为 v 时的路段车流量，辆/h；

　　　k_m——最佳车密度，车流量达到最大时的车密度，辆/km；

　　　v_f——畅行车速，车密度接近零、车辆基本畅行无阻时的车速，km/h。

四、基于交通分配模型的活动水平生成

对于没有开展实地监测，也没有遥感检测和浮动车数据的道路，可将已采用以上三种手段获取的交通流数据的路段结果进行耦合并作为参考，利用交通 OD 矩阵反推的方法获得这部分道路的机动车活动水平[152]。

交通 OD 矩阵（OD matrix）又称作 OD 表，是一种用于描述交通路网中所有起点（origin）和终点（destination）之间出行交换数量（即交通出行量）的表格，反映了人们对交通路网的基本需求、交通量的大小及其空间分布[153]。交通分配是基于用户平衡、最短路等原则，将已知的交通 OD 矩阵分配到不同的出行路径上，从而得到细致到各路段的交通流量。而 OD 矩阵反推则相当于交通分配的逆过程，即基于采集到的路段交通量和交通分配矩阵来推演现状 OD 矩阵。

利用 TransCAD 软件可实现 OD 反推[154]。TransCAD 由美国 Caliper 公司开发，可用于开展交通规划和需求预测，其内嵌的 OD Matrix Estimation 模块能够较好地实现 OD 矩阵反推的功能[155]。TransCAD 软件 OD 反推的基本过程包括交通路网准备［图 4-19（a）］、交通小区划分［图 4-19（b）］、先验 OD 矩阵的建立（图 4-20）和 OD 矩阵反推，最终可获得各路段交通量的分布。基于路段交通量分布结果和不同类型道路车流量-车速模型（表 4-4），进一步计算各路段的平均车速。

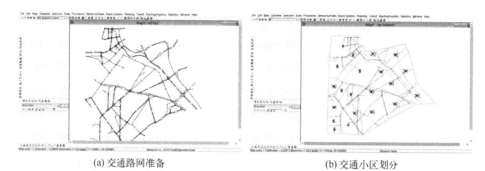

(a) 交通路网准备   (b) 交通小区划分

图 4-19 基于 TransCAD 的 OD 反推准备工作

车流量		终点																				
		1	2	3	4	5	6	7	8	9	10	11	12	13	14	15	16	17	18	19	20	21
起点	1	908	408	122	258	1295	508	236	701	472	386	258	708	458	1538	229	1037	358	608	107	501	172
	2	408	183	55	116	581	228	106	315	212	173	116	318	205	690	103	466	161	273	48	225	77
	3	122	55	16	34	173	68	32	94	63	52	34	95	61	206	31	139	48	81	14	67	23
	4	258	116	34	73	367	144	67	199	134	109	73	201	130	436	65	294	101	172	30	142	49
	5	1295	581	173	367	1845	724	336	999	673	550	367	1009	652	2192	326	1478	510	867	153	714	245
	6	508	228	68	144	724	284	132	392	264	216	144	396	256	860	128	580	200	340	60	280	96
	7	236	106	32	67	336	132	61	182	123	100	67	184	119	400	59	270	93	158	28	130	45
	8	701	315	94	199	999	392	182	541	364	298	199	546	353	1187	177	800	276	469	83	386	133
	9	472	212	63	134	673	264	123	364	245	201	134	368	238	799	119	539	186	316	56	260	89
	10	386	173	52	109	551	216	100	298	201	164	109	301	195	654	97	441	152	259	46	213	73
	11	258	116	34	73	367	144	67	199	134	109	73	201	130	436	65	294	101	172	30	142	49
	12	708	318	95	201	1009	396	184	546	368	301	201	552	357	1199	178	809	279	474	84	390	134
	13	458	205	61	130	652	256	119	353	238	195	130	357	231	775	115	523	180	306	54	252	87
	14	1538	690	206	436	2192	860	400	1187	799	654	436	1199	775	2604	388	1756	605	1029	181	848	291
	15	229	103	31	65	326	128	59	177	119	97	65	178	115	388	58	261	90	153	27	126	43
	16	1037	466	139	294	1478	580	270	800	539	441	294	809	523	1756	261	1184	408	694	122	572	197
	17	358	161	48	101	510	200	93	276	186	152	101	279	180	605	90	408	141	239	42	197	68
	18	608	273	81	172	867	340	158	469	316	259	172	474	306	1029	153	694	239	407	72	335	115
	19	236	106	32	67	336	132	61	182	123	100	67	184	119	400	59	270	93	158	28	130	45
	20	501	225	67	142	714	280	130	386	260	213	142	390	252	848	126	572	197	335	59	276	95
	21	379	170	51	107	540	212	99	293	197	161	107	296	191	642	96	433	149	254	45	209	72

图 4-20 基于居民出行调查结果的 OD 矩阵

第三节　机动车路网活动水平特征分析

综合各项机动车路网活动水平结果，利用多源异构数据融合方法，对天津市机动车实际活动水平的时间和空间特征进行统计分析，并建立相关数据库，为后续机动车排放清单模型开发提供数据基础。机动车路网活动水平特征包括机动车行驶里程现状、路网车流量特征、路网车速特征、路网车队构成特征等。

一、机动车行驶里程现状

根据调研，天津市各类型机动车年平均单车行驶里程（vehicle kilometer traveled，VKT）如图 4-21 所示。出租车的单车年平均行驶里程最高（1.28×10^5 km），其次是重型货车（7.86×10^4 km）、公交车（6.51×10^4 km）和大型客车（5.54×10^4 km）。天津市各类型机动车年平均总行驶里程如图 4-22 所示。由于保有量巨大，小型客车总的年平均行驶里程远远高于其他车型，高达 4.53×10^{10} km，其次是轻型货车（7.00×10^9 km）、重型货车（4.21×10^9 km）和出租车（4.01×10^9 km）。

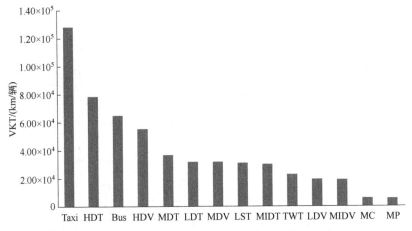

图 4-21　天津市各类型机动车年平均单车行驶里程

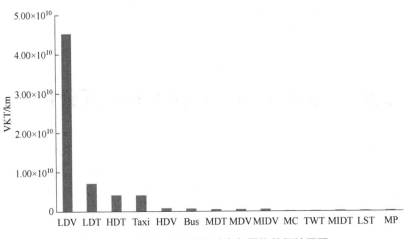

图 4-22　天津市各类型机动车年平均总行驶里程

天津市机动车每日行驶里程空间分布如图 4-23 所示。天津市中心城区和滨海新区核心区的机动车活动强度最高，因为这两个区域人口众多、路网密集；此外，其他各区中心城镇的机动车活动也相对集中。

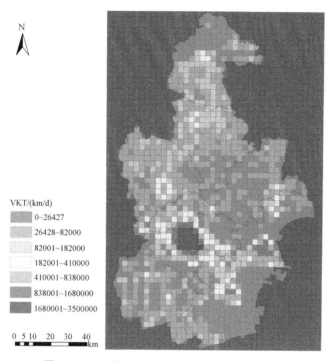

图 4-23　天津市机动车每日行驶里程空间分布

二、路网车流量特征

如图 4-24 和图 4-25 所示，天津市不同区域、不同类型道路的车流量小时变化趋势均呈现出明显的"M"形特征，即每天存在两个车流量峰值——早高峰（7:00～9:00）和晚高峰（17:00～19:00），与人们日常出行规律相符。非工作日早高峰车流量峰值出现时间比工作日晚一个小时左右，晚高峰车流量峰值出现时间比工作日早一个小时左右，其早、晚高峰车流量变化也更为平滑。工作日单日平均车流量总体上高于非工作日。道路车流量变化总体趋势与北京[160]和上海[161]等地的研究结果类似。

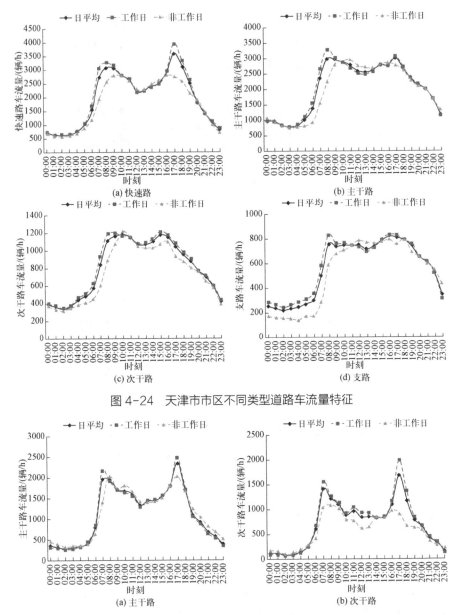

图 4-24 天津市市区不同类型道路车流量特征

图 4-25 天津市远郊区不同类型道路车流量特征

天津市市区同类型道路车流量均高于远郊区，说明市区的机动车活动更为频繁，这与市区机动车保有量大、生产和生活活动相对发达有关。如图 4-26 所示，市区主干路单日平均车流量最高，为 49672 辆/天，其次是快速路（46973 辆/天），次干路（19564 辆/天）和支路（13762 辆/天）车流量较少；远郊区主干路单日平均车流量为 27174 辆/天，远高于次干路（16776 辆/天）。

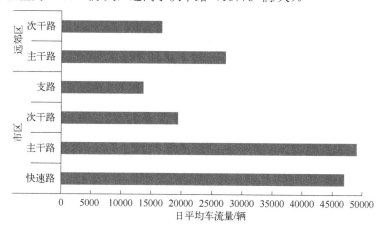

图 4-26　天津市不同区域不同类型道路日平均车流量

三、路网车速特征

如图 4-27 和图 4-28 所示，天津市不同区域、不同类型道路的车速小时变化趋势均呈现出明显的"W"形特征，即每天存在两个车速谷值——早高峰（7:00～9:00）和晚高峰（17:00～19:00），与车流量变化规律相对应，与人们日常出行规律相符。非工作日早高峰车速谷值出现时间比工作日晚一个小时左右，晚高峰车速谷值出现时间比工作日早一个小时左右，其早、晚高峰车速变化也更为平滑。工作日单日平均车速总体上低于非工作日。道路车速变化总体趋势与北京[160]和上海[161]等地研究结果类似。

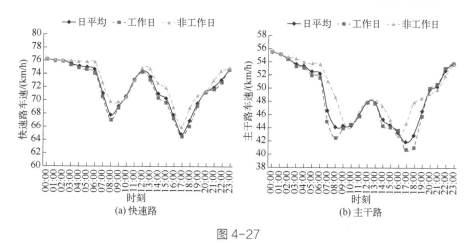

图 4-27

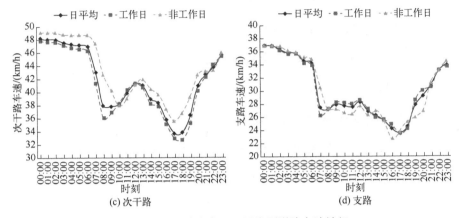

图 4-27　天津市市区不同类型道路车速特征

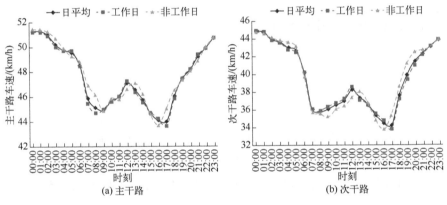

图 4-28　天津市远郊区不同类型道路车速特征

天津市区同类型道路车速与远郊区基本相当，这与不同类型道路限速和通行能力有关。如图 4-29 所示，各类型道路单日平均车速依道路等级逐渐降低，市区快速路、主干路、次干路、支路分别为 69.24km/h、44.58km/h、39.87km/h、30.12km/h，远郊区主干路、次干路分别为 43.97km/h、37.94km/h。监测期间，在早、晚高峰时段，由于道路拥堵和红绿灯的影响，汽车在行驶过程中频繁地加减速和怠速，尤其是在相对狭窄和密集的次干路和支路上，车速较低，导致 CO、HC、PM 等污染物排放的增加，加之道路两侧人口集中、空气流动性差，对人群健康的影响更为明显和直接。

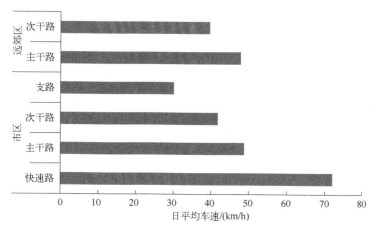

图 4-29　天津市不同区域不同类型道路日平均车速

四、路网车队构成特征

如图 4-30 和图 4-31 所示，天津市不同区域、不同类型道路车队构成存在较大差异，但小型客车仍为各类型道路的主流车型，均高达 80% 以上，货车和摩托车比例较小。对市区而言，快速路各类货车总比例为 4.74%，主干路小型客车比例为 94.68%，次干路公交车比例为 7.03%，支路出租车比例为 9.24%，分别为各类型道路同类车型的最高占比，这也符合不同类型道路的服务功能特点。由于市区货车限行政策和区域功能定位的差异，远郊区货车比例相比市区升高明显，其中主干路各类货车总比例达 14.60%，货车数量的增加将增大 NO_x 和 PM 排放。

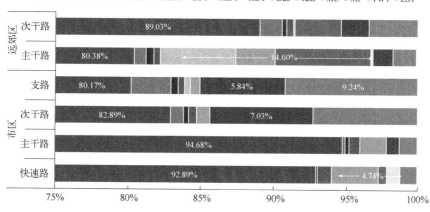

图 4-30　天津市不同区域、不同类型道路车队构成特征

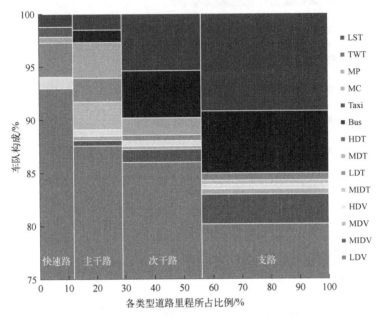

图 4-31　天津市全市域不同类型道路平均车队构成

第四节　用于排放模型开发的机动车活动水平数据

基于机动车路网活动水平特征分析结果，构建用于排放模型开发的机动车活动水平数据库，并利用 GIS-T 技术将交通流特征与对应的城市路网进行匹配。

一、机动车活动水平数据库构建

基于排放模型对机动车路网活动水平时间和空间分辨率的要求，本书引入年平均日车流量（annual average daily traffic，AADT）和年平均日车速（annual average daily speed，AADS）作为输入参数之一，以反映实际道路上的机动车行驶特征。AADT 是指路网全年的总车流量除以 365 天，并折算为不同类型道路的车流量[156]。AADT 代表了一年之中所有日车流量的平均值，也是划分道路等级的主要依据。而 AADS 则是一年中所有日车速的平均值，代表了路网通畅程度和行车效率。

在此基础上，用车流量因子（traffic volume factor，VF）和车速因子（traffic speed factor，SF）对路段逐小时机动车活动水平进行表征。VF 和 SF 的计算方法如下。

$$VF = \dfrac{HV}{\dfrac{AADT}{24}}$$

$$SF = \dfrac{HS}{AADS}$$

式中　VF——某时刻道路车流量因子，无量纲；

　　　HV——某时刻道路车流量，辆；

　AADT——道路年平均日车流量，辆；

　　　SF——某时刻道路车速因子，无量纲；

　　　HS——某时刻道路车速，km/h；

　AADS——道路年平均日车速，km/h。

根据机动车活动水平结果，得出天津市路网每日车流量因子和车速因子变化，如图 4-32 所示。

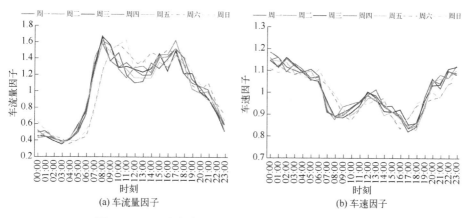

图 4-32　天津市路网每日车流量因子和车速因子变化

基于不同路段车队构成结果建立相关数据表（附录 F 中表 F）和数据库（图 4-33），以便机动车排放模型计算时调用。

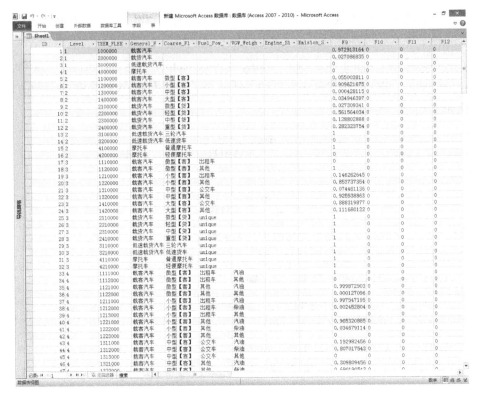

图 4-33　天津市道路车队构成数据库

二、城市路网电子地图及其与实际交通流匹配

1. 城市路网电子地图

城市路网电子地图是城市道路可视化的重要基础，也是机动车排放清单模型开发的基本要素[157]。空间数据和属性数据共同组成了路网电子地图的数据集。空间数据主要反映地物的地理空间特征信息（如大小、位置、形态、分布等），既包含各个空间对象的几何形态参数，也包含不同空间对象之间的拓扑关系。属性数据主要反映地物的非空间特征信息（如名称、类型等），是用文字的方式对地物进行描述，主要用于数据分析和信息查询。在路网电子地图中，道路和道路之间的连接点分别以线（折线）和节点的方式进行矢量存储。本书中，路网电子地图中道路属性主要包括道路名称、类型、长度、宽度、车道数等静态路网信息。

道路交通排放模型
与污染控制

2. 天津市路网电子地图与实际交通流匹配

基于精细化排放清单的数据需求和机动车实际路网行驶特征，同时考虑到天津市路网的密集性和道路结构的复杂性,本书对天津城市路网中的路段进行切分,并将其与路段交通流信息进行匹配[158],具体过程如下。

（1）路网数据重组

对天津市路网电子地图中的道路空间数据进行了整合，重新生成基于"节点（node）-路段（section）-路链（link）"的三层路网数据结构（图4-34）。

（2）路段切分和编码

利用GIS-T技术进行路段的划分与融合。以道路交叉口作为路链分隔点（考虑到交叉口处红绿灯及车辆转弯时行驶速度的变化会影响机动车尾气排放），将道路划分成若干个路段，各路段按照一定规定分别赋予唯一编码值，与基础导航电子地图中的路段建立关联（图4-35）。

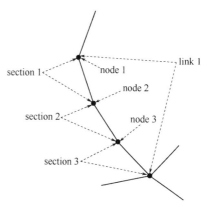

图4-34 基于"节点-路段-路链"的三层路网数据结构

（3）交通流映射

利用GIS-T技术的时间和空间赋值，将路段机动车活动水平信息映射到对应路段上，从而建立用于高分辨率机动车排放清单模型的基础路网层。

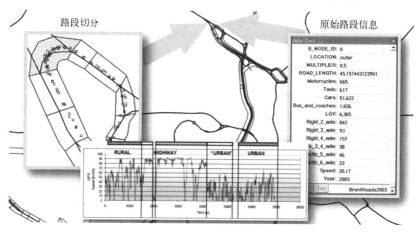

图4-35 基于机动车实际道路行驶特征的路段切分

第五章　机动车排放清单模型

本章基于"自下而上"的方法实现机动车排放清单模型的开发。该方法利用 GIS 手段将精细化机动车路网活动水平数据映射到城市路网图层，同时耦合本地化机动车排放因子模型，进而生成城市道路级别并反映路段实际行驶特征的多尺度、高时空分辨率的机动车排放清单模型，实现机动车污染物时空排放特征的精准表征和模拟。同时，利用此模型，建立天津市机动车排放清单，为机动车排放管控对策研究提供依据。

第一节　排放清单模型构建方法

机动车排放清单模型的构建包括机动车排放因子、机动车路网活动水平和路网信息三个基本要素。

某条道路的机动车排放清单的计算公式如下。

$$E_{i,j}^p = \sum_c \mathrm{EF}_{c,v}^p \times Q_{c,i,j} \times L_i$$

$$W_{i,j}^p = \frac{E_{i,j}^p}{L_i}$$

式中　i——路段；

j——时刻；

c——机动车类型；

v——路段车速，km/h；

p——污染物种类，包括 CO、HC（碳氢化合物）、NO_x、PM；

$E_{i,j}^p$——路段 i、时刻 j 的污染物 p 的排放量，g；

$\mathrm{EF}_{c,v}^p$——车型 c 在速度 v 下的污染物 p 的排放因子，g/km；

$Q_{c,i,j}$——车型 c 在路段 i、时刻 j 的车流量，辆/h；

L_i——路段 i 的长度，km；

$W_{i,j}^p$——路段 i 在时刻 j 的污染物 p 的排放强度，g/km。

路网机动车污染物排放总量即为所有道路机动车污染物排放量的总和。

由以上计算公式可以看出，道路机动车污染物排放量的影响因素主要由该道路的车流量、车速、车队构成，而这些影响因素也是路网机动车污染控制的关键所在。

第二节 排放清单模型框架和结构

基于模型方法学和机动车排放控制研究需求，本书建立"城市高时空分辨率机动车排放清单模型和决策系统（urban high temporal-spatial resolution vehicle emission inventory model and decision support system，HTVSE System）"（以下简称"HTVSE 模型"），用于机动车污染物排放计算、展示和决策支持。

HTVSE 模型的开发语言为 C#，部署环境为 Windows Server 2008 R2（64-bit），ArcGIS 10.2 for Server 和 Oracle Database 11g Release 2（64-bit） with Oracle Spatial。

HTVSE 模型的逻辑架构分为数据层（data layer）、应用层（application layer）和展示层（presentation layer）（图 5-1），模型通过用户点选的方式实现人机交互（图 5-2）。

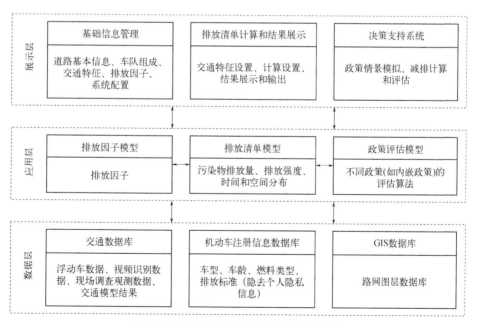

图 5-1 机动车排放清单模型的逻辑架构

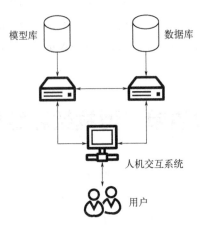

图 5-2 机动车排放清单模型的人机交互框架

第三节 排放清单模型模块和功能

HTVSE 模型主要分为基础信息管理模块、清单计算和结果显示模块、智能决策支持模块、GIS 可视化展示模块（图 5-3）。

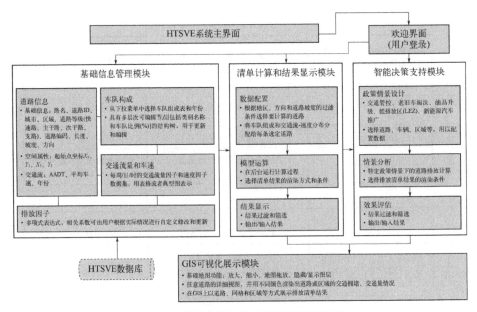

图 5-3 机动车排放清单模型的模块组成

一、基础信息管理模块

基础信息管理模块是 HTVSE 模型的基础，它提供了一个可视化的界面，用于配置道路和交通信息及管理机动车排放因子，可用的操作包括逐条或批量导入、导出、删除、编辑、归一化等。基础信息管理模块分为道路信息管理、车队构成管理、道路车流量-车速管理、排放因子管理四个子模块。

1. 道路信息管理子模块

道路信息管理子模块（图 5-4）储存了城市路网信息，可实现整个城市路网道路数据的编辑，并通过道路 ID 与路网 GIS 数据进行实时关联。模块中的道路信息主要包括道路基础信息［如道路名称、道路 ID、区域、道路等级（快速路、主干路、次干路、支路）、道路等级编号、坡度、方向、长度等］、道路空间属性［如起讫点坐标（X_1、Y_1、X_2、Y_2）］、道路关联的交通特征（如 AADT、平均车速、年份等）。HTVSE 模型的道路属性表字段及说明如表 5-1 所示。

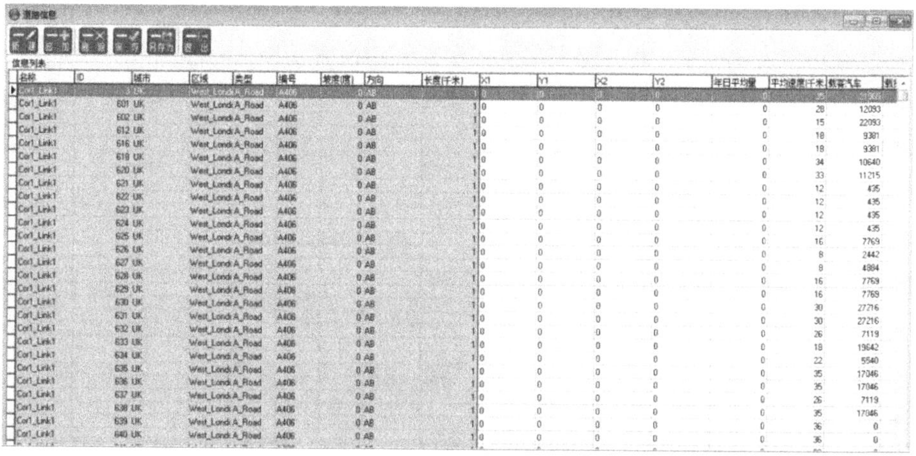

图 5-4　HTVSE 模型的道路信息管理子模块

表 5-1　HTVSE 模型的道路属性表字段及说明

字段名字	字段类型	字段说明
ROAD_ID	VARCHAR2(20)	各道路唯一编码
NAME	VARCHAR2(20)	道路中文名称
TYPE	VARCHAR2(20)	高速路、国道、省道、快速路、主干路、次干路、支路、其他

字段名字	字段类型	字段说明
LENGTH	NUMBER	道路总长度
WIDTH	NUMBER	单侧道路宽度
LINENO	NUMBER	车道数量，可以通过道路宽度处理得到
PAVEMENT	VARCHAR2(20)	沥青、柏油、水泥、未铺装、其他
REGION	VARCHAR2(20)	所属行政区名称
LOOP	VARCHAR2(20)	所属环线名称
SHAPE	MDSYS.SDO_GEOMETRY	道路地理信息数据

2. 车队构成管理子模块

车队构成管理子模块（图 5-5）允许从一个下拉列表中选取合适的车队构成表文件用于排放计算，车队构成表文件是一个由六个层级的节点组成的树状结构（机动车六层级分类见表 2-3），每个节点显示了每一层级的车辆类型及其比例（%）。HTVSE 模型的车队构成表字段及说明如表 5-2 所示。

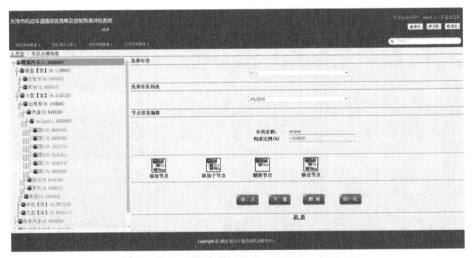

图 5-5　HTVSE 模型的车队构成管理子模块

表 5-2　HTVSE 模型的车队构成表字段及说明

字段名字	字段类型	字段说明
FLEET_ID	NUMBER	唯一标识符
SLEVEL	NUMBER	车型分类等级

字段名字	字段类型	字段说明
LEVEL1	VARCHAR2(80)	第一级车型分类
LEVEL2	VARCHAR2(80)	第二级车型分类
LEVEL3	VARCHAR2(80)	第三级车型分类
LEVEL4	VARCHAR2(80)	第四级车型分类
LEVEL5	VARCHAR2(80)	第五级车型分类
LEVEL6	VARCHAR2(80)	第六级车型分类
RATE	VARCHAR2(80)	车型占本级的比例
FLTNAME	VARCHAR2(80)	文件名称

3. 道路车流量-车速管理子模块

道路车流量-车速管理子模块（图 5-6）提供了各条道路车流量因子、车速因子，用逐月、逐周、逐日、逐小时变化趋势的表格和点线图表示。

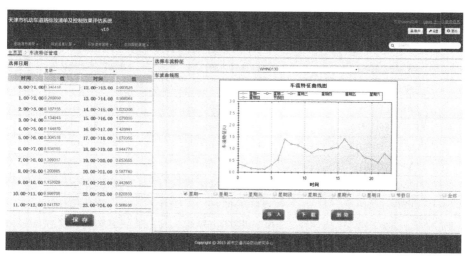

图 5-6　HTVSE 模型的道路车流量-车速管理子模块

4. 排放因子管理子模块

排放因子管理子模块（图 5-7）用于机动车排放因子的修正和升级，用户可根据测试结果手动修改排放因子模型的相关系数。在构建城市机动车排放清单前，需要对机动车排放因子进行本地化修正和升级，并在该模块中进行更新。HTVSE

模型的排放因子表字段及说明如表 5-3 所示。

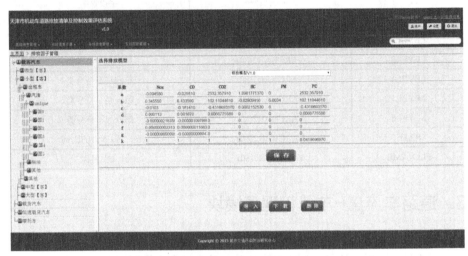

图 5-7　HTVSE 模型的排放因子管理子模块

表 5-3　HTVSE 模型的排放因子表字段及说明

字段名字	字段类型	字段说明
M_VERSION	VARCHAR2(80)	排放因子文件名称
L_LEVEL	NUMBER	车型分类等级
LEVEL_FIRST	VARCHAR2(80)	第一级车型分类
LEVEL_SECOND	VARCHAR2(80)	第二级车型分类
LEVEL_THIRD	VARCHAR2(80)	第三级车型分类
LEVEL_FOURTH	VARCHAR2(80)	第四级车型分类
LEVEL_FIFTH	VARCHAR2(80)	第五级车型分类
LEVEL_SIXTH	VARCHAR2(80)	第六级车型分类
A	NUMBER(28,14)	排放因子系数
B	NUMBER(28,14)	排放因子系数
C	NUMBER(28,14)	排放因子系数
D	NUMBER(28,14)	排放因子系数
E	NUMBER(28,14)	排放因子系数
F	NUMBER(28,14)	排放因子系数
G	NUMBER(28,14)	排放因子系数
K	NUMBER(28,14)	排放因子系数
POLLUTANT	VARCHAR2(32)	污染物种类

二、清单计算和结果显示模块

清单计算和结果显示模块是 HTVSE 模型的核心，分为计算数据配置、模型运行管理、结果输出三个子模块。

1. 计算数据配置子模块

计算数据配置子模块有两个作用：

① 基于区域、方向、道路等级等条件选取所需的道路参与模型计算；

② 道路选取完成后，可为所选取的道路配置车队构成、车流量-车速信息。

该模块主要用于输入参数为静态交通数据的情况，模块可基于静态交通数据的统计分析结果分配道路交通流特征；而对于输入参数为动态交通数据的情况，HTVSE 模型可直接与相关数据源耦合并自动分配道路交通流特征。

2. 模型运行管理子模块

计算条件配置完成后，可在模型运行管理子模块（图 5-8）中选取结果输出格式和渲染方式，HTVSE 模型将在后台执行相关运算。根据交通流数据的获取和输入方式，HTVSE 模型可分别实现基于历史交通数据的静态计算和基于近实时交通数据的动态计算。

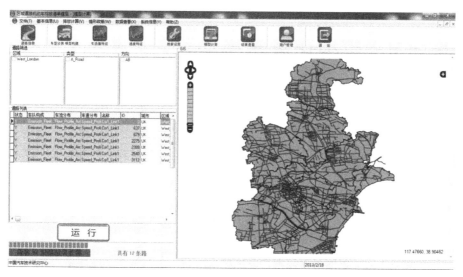

图 5-8 HTVSE 模型的模型运行管理子模块

3. 结果输出子模块

HTVSE 模型可根据需要输出机动车污染物的排放量和排放强度，时间尺度包括年排放、月排放、周排放、日排放、小时排放，结果显示方式包括表格、柱状图、条状图、饼状图、折线图。此外，清单结果也可在内嵌 GIS 模块中实现进一步直观展示。

三、智能决策支持模块

决策支持系统（decision support system，DSS）是指利用计算机仿真和信息技术来实现人机交互及决策辅助的计算机软、硬件系统[159]。基于机动车污染管控实际需求，在高时空分辨率排放清单的基础上，HTVSE 模型内嵌了一个智能决策支持模块。模块中预设了常用的减排政策情景动态数据库，这些措施包括交通管控、老旧车淘汰、燃油品质升级、低排放区（low emission zone，LEZ）限行等。在选取某个政策情景（包括政策名称、执行方式、污染物种类等）后，HTVSE 模型将在后台进行计算，并输出政策情景执行前后污染物排放情况的对比和减排结果。情景模拟结果用表格、柱状图以及基于 GIS 模块的排放进行静态或动态展示。此外，智能决策支持模块还为未来可能的政策情景（如在用车管理、重污染天气应急管控、交通优化等）设置预留接口，以支撑科学研究和管理决策。

四、GIS 可视化展示模块

为了更直观地展示机动车排放清单的时间和空间分布，HTVSE 模型基于 ArcGIS 软件利用动态数据库链接技术内嵌了一个 GIS 可视化展示模块。

1. 模块主要功能

GIS 可视化展示模块主要功能如下：
① 基础地图功能，如放大、缩小、平移、图层控制等；
② 通过点选显示路网中任意道路的详细信息；
③ 通过不同颜色的渲染显示任意区域或道路的车流量和交通拥堵状况；
④ 排放清单结果及其时空分布的动态展示。

2. 结果动态展示方式

基于 GIS 的排放清单动态展示是机动车污染控制研究和决策的重要辅助手段。HTVSE 模型可实现的展示方式包括道路排放、区域排放和网格排放三种。

（1）道路排放

道路排放（图 5-9）可对某个或多个时间段的某条或多条道路的机动车污染物排放强度进行查看，并通过不同渲染颜色直观地显示某条或多条道路污染物排放强度的大小。

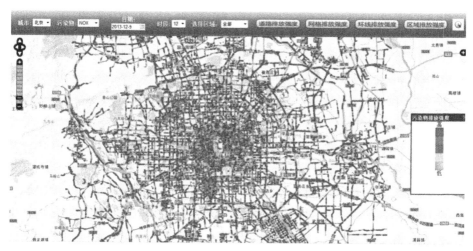

图 5-9　HTVSE 模型中基于 GIS 的机动车污染物道路排放强度

（2）区域排放

区域排放（图 5-10）可对某个或多个时间段的某个或多个区域的机动车污染物排放强度进行查看，并通过不同渲染颜色直观地显示某个或多个区域污染物排放强度的大小。

（3）网格排放

网格排放（图 5-11）可根据自定义网格（如 1km×1km、2km×2km、3km×3km 等）输出某个或多个时间段的机动车污染物网格排放强度，并通过不同渲染颜色直观地显示每个网格中污染物排放强度的大小。

基于网格的排放清单结果可为不同尺度的空气质量数值模拟（如 CMAQ、WRF-CAM、CDMS-urban 等）提供精确的输入参数。

机动车网格化排放清单的计算公式如下。

式中　g——网格编号；

　　　r——网格 g 中的某条路段的编号；

　　　E_g——网格 g 的污染物排放强度，g/km²；

　　　$C_{g,r}$——网格 g 中路段 r 的污染物排放强度，g/km；

　　　$L_{g,r}$——网格 g 中路段 r 的长度，km；

　　　S_g——网格 g 的面积，km²。

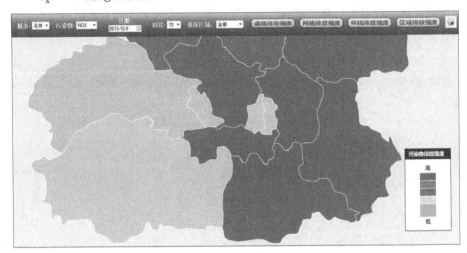

图 5-10　HTVSE 模型中基于 GIS 的机动车污染物区域排放强度

$$E_g = \sum_{r=1}^{n} \frac{C_{g,r} \times L_{g,r}}{S_g}$$

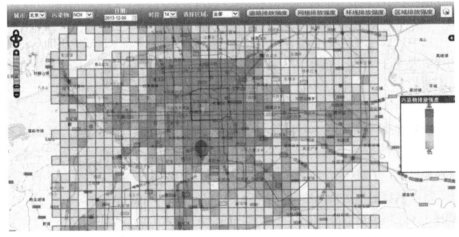

图 5-11　HTVSE 模型中基于 GIS 的机动车污染物网格排放强度

道路交通排放模型
与污染控制

第四节　天津市机动车排放清单

利用 HTVSE 模型对 2019 年天津市机动车污染物排放清单进行核算，并对不同类型机动车的排放分担率、排放清单的时间和空间分布、排放清单的不确定性进行分析。

一、机动车排放清单结果

基于天津市机动车本地排放因子和机动车路网活动水平，利用 HTVSE 模型，计算得到 2019 年天津市机动车排放 CO 2.04×10^5t、HC 3.71×10^4t、NO_x 6.53×10^4t、PM 2.38×10^3t（图 5-12）。

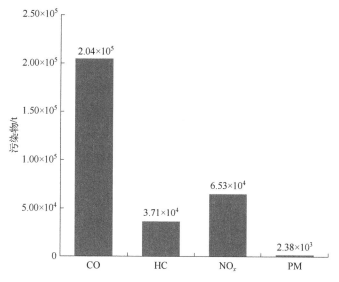

图 5-12　2019 年天津市机动车污染物排放总量

HTVSE 模型结果与生态环境部发布的《2019 年中国移动源环境管理年报》（以下简称"《年报》"）[160]结果对比如表 5-4 所示。HTVSE 模型结果与《年报》结果相近，尤其是在数量级上基本一致。在机动车排放清单计算和模拟过程中，HTVSE 模型是基于"自下而上"的方法，考虑了机动车本地排放因子和精细化路网活动水平；而由于研究需求和目的的不同，《年报》基于"自上而下"，采用机动车年平均行驶里程和保有量的宏观方法进行污染物的总量核算。因此，相对而言，HTVSE 模型结果更接近机动车污染物排放的实际情况，且具有更高的时空分辨率。

表 5-4 2019 年天津市机动车污染物 HTVSE 模型结果与《年报》结果对比

污染物种类	HTVSE 模型结果/t	《年报》结果/t
CO	2.04×10^5	4.13×10^5
HC	3.71×10^4	4.44×10^4
NO$_x$	6.53×10^4	4.88×10^4
PM	2.38×10^3	5.57×10^3

二、不同类型机动车的排放分担率

1. 不同用途和大小机动车的污染物排放分担率

天津市不同用途和大小机动车的污染物排放分担率如图 5-13 所示。客车和货车是机动车污染物总量的主要贡献者，摩托车等其他类型车辆排放相对较少。不同用途和大小机动车对 CO、HC 和 NO$_x$、PM 的贡献水平差异较大。CO 的排放主要以小型客车为主，占比达到 43.29%，其次为轻型货车（21.12%）、重型货车（12.14%）和出租车（10.24%）；HC 的排放同样以小型客车为主，达到 74.89%，其次是轻型货车（10.98%）和出租车（7.25%）；总体来说，客车 CO 和 HC 的排放分担率明显高于货车。对于 NO$_x$、PM 而言，不同用途和大小机动车这两种污染物排放占比较为接近，其排放以货车尤其是重型货车（40% 以上）和轻型货车（25% 左右）为主；另外，由于大型客车和小型客车具有保有量大、活动水平高的特点，其对 NO$_x$、PM 的排放贡献也不容忽视。因此，在开展机动车减排工作时可基于不同污染物的减排目标有针对性地实施不同用途和大小机动车的精细化管控。

2. 不同燃料类型机动车的污染物排放分担率

天津市不同燃料类型机动车的污染物排放分担率如图 5-14 所示。CO 和 HC 的排放主要以汽油车为主，占比为 70%~90%；NO$_x$、PM 的排放主要以柴油车为主，占比为 90% 左右。由于汽油车主要为客车，而柴油车主要为货车，因此客车是 CO 和 HC 的主要排放源，货车是 NO$_x$、PM 的主要排放源，这与不同用途和大小机动车的污染物排放分担率结果（图 5-13）一致。

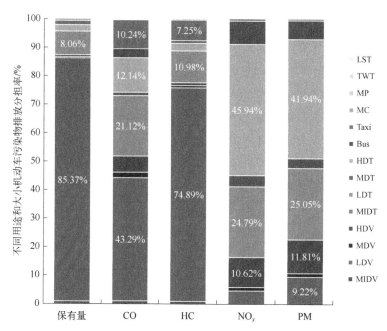

图 5-13　天津市不同用途和大小机动车的污染物排放分担率

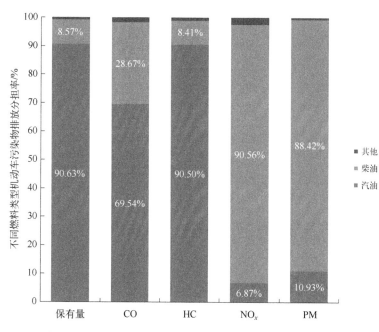

图 5-14　天津市不同燃料类型机动车的污染物排放分担率

"其他"是指以 CNG、LNG、LPG 为主要燃料的机动车

3. 不同排放标准机动车的污染物排放分担率

天津市不同排放标准机动车的污染物排放分担率如图 5-15 所示。国Ⅲ车和国Ⅳ车是目前天津市机动车排放污染物的主要来源，占比 60%～80%。而国Ⅰ和国Ⅱ的老旧车虽然保有量较少，但由于发动机技术和尾气控制技术落后以及自身性能老化和尾气处理装置劣化，其单车排放水平较高，对污染物排放总量的贡献高于其保有量占比。因此，不断提高机动车排放标准并实施老旧车淘汰对于机动车减排工作具有重要意义。

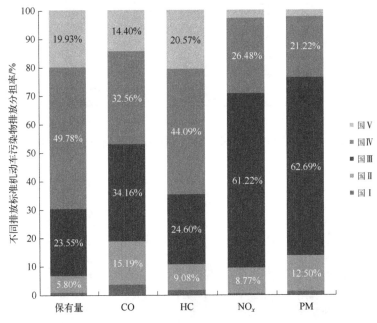

图 5-15　天津市不同排放标准机动车的污染物排放分担率

三、排放清单时间分布

1. 路网机动车污染物排放强度日变化趋势

天津市路网机动车污染物排放强度日变化趋势如图 5-16 所示。一天内不同时段机动车污染物排放强度具有明显差异，但其总体趋势与道路车流量的变化规律（图 4-24 和图 4-25）类似，呈现典型的"M"形特征，即在早高峰（7:00～9:00）

和晚高峰（17:00～19:00）两个时段出现排放的峰值。日间时段（6:00～20:00）机动车排放量占全天排放量的80%左右。相比工作日，非工作日的早、晚高峰机动车污染物排放强度更为平滑，这与大多数人群的出行活动规律相符。

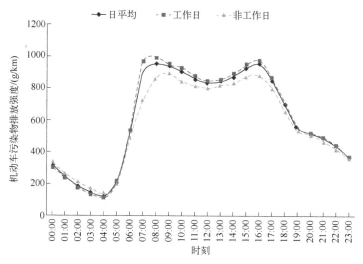

图 5-16　天津市路网机动车污染物排放强度日变化趋势

2. 不同类型机动车的污染物排放分担率日变化趋势

由于日间时段（6:00～20:00）和夜间时段（20:00～次日6:00）道路车队构成存在变化，因此不同时段、不同类型机动车的污染物排放分担率也会发生改变。

（1）不同用途和大小机动车的污染物排放分担率日变化趋势

天津市不同用途和大小机动车的污染物排放分担率日变化趋势如图 5-17 所示。不同用途和大小机动车不同时段污染物排放分担率差异明显。对于 CO 和 HC 而言，日间时段小型客车活动较为频繁，因此污染物排放分担率较高；夜间时段货车（天津市区道路实施日间时段部分货车限行政策）和出租车活动较为频繁，因此污染物排放分担率升高明显。对于 NO_x 和 PM 而言，日间时段重型货车、轻型货车和大型客车的排放占比较高，而夜间时段重型货车和大型客车的排放占比较高。

（2）不同燃料类型机动车的污染物排放分担率日变化趋势

天津市不同燃料类型机动车污染物排放分担率日变化趋势如图5-18所示。不同燃料类型机动车不同时段污染物排放分担率差异不显著，与总体分担率情况（图5-14）一致，即全天 CO 和 HC 的排放主要以汽油车为主（70%～90%），全天 NO_x、PM 的排放主要以柴油车为主（90%左右）。

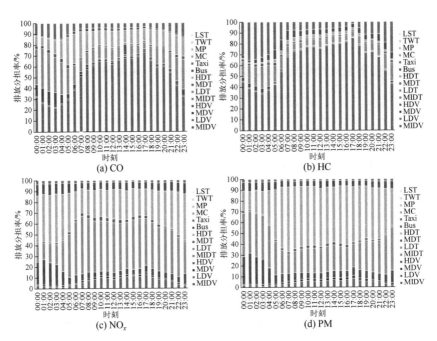

图 5-17　天津市不同用途和大小机动车的污染物排放分担率日变化趋势

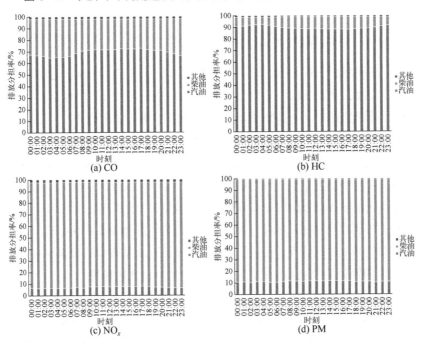

图 5-18　天津市不同燃料类型机动车污染物排放分担率日变化趋势
"其他"是指以 CNG、LNG、LPG 为主要燃料的机动车

道路交通排放模型
与污染控制

（3）不同排放标准机动车的污染物排放分担率日变化趋势

天津市不同排放标准机动车污染物排放分担率日变化趋势如图 5-19 所示。不同排放标准机动车不同时段污染物排放分担率存在一定差异。对于 CO 而言，国 Ⅱ 机动车日间时段污染物排放分担率明显高于夜间时段，国Ⅲ机动车则正好相反；对于 HC 而言，国 Ⅱ、国Ⅲ机动车日间时段污染物排放分担率明显高于夜间时段，国Ⅳ机动车则正好相反；对于 NO$_x$和 PM 而言，除国 Ⅱ 机动车排放贡献率日间时段略有升高外，其他排放标准车辆各时段排放贡献率波动不大。

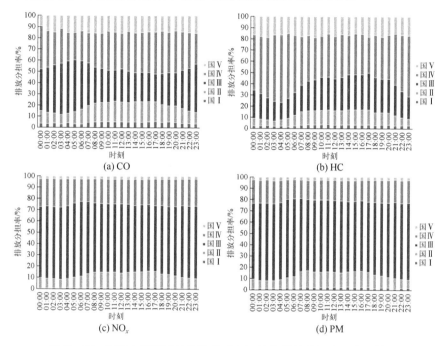

图 5-19　天津市不同排放标准机动车污染物排放分担率日变化趋势

四、排放清单空间分布

1. 不同类型道路的机动车污染物排放强度对比

天津市不同类型道路机动车污染物排放强度对比及其空间分布分别如图 5-20 和图 5-21 所示。主干路的机动车排放强度最高，其次是快速路、次干路和支路，这与主干路车流量较大、车速较低有关，也符合不同类型道路的车流量特征。

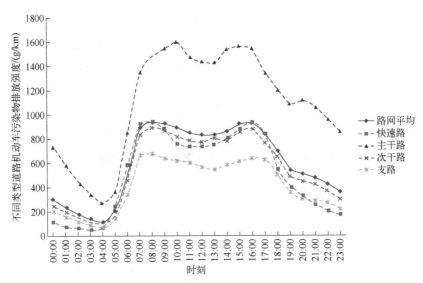

图 5-20　天津市不同类型道路的机动车污染物排放强度对比

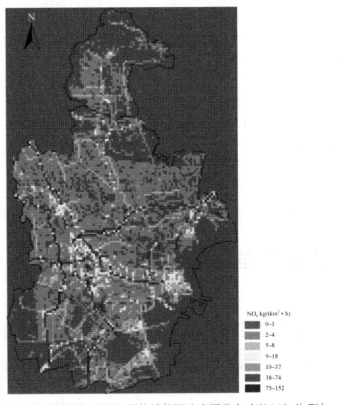

图 5-21　天津市路网机动车污染物排放强度空间分布（以 NO_x 为例）

2. 机动车排放清单网格化空间分布

天津市机动车排放清单网格化空间分布如图 5-22 所示。各类机动车污染物的空间分布情况基本相同，天津市中心城区和滨海新区核心区的机动车污染物排放

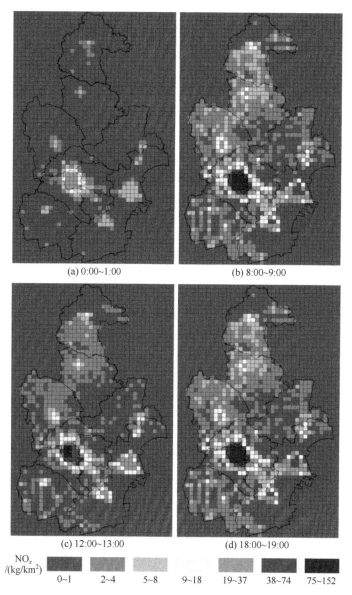

(a) 0:00~1:00   (b) 8:00~9:00

(c) 12:00~13:00   (d) 18:00~19:00

NO$_x$
/(kg/km^2)   0~1   2~4   5~8   9~18   19~37   38~74   75~152

图 5-22　天津市机动车排放清单网格化空间分布（3km×3km）（以 NO$_x$ 为例）

强度明显高于其他行政区，因为这两个区域具有相对密集的路网和繁忙的交通活动（表现为较高的交通流量和较低的行驶速度）[161]。此外，其他各区中心城镇的机动车排放也相对集中。考虑到以上区域人口密度较高、受机动车污染影响较为严重，在开展机动车减排工作时，这些区域应被列为重点管控对象。

五、排放清单的不确定性分析

在机动车排放清单开发和分析过程中，选用的是具有代表性的排放因子和活动水平，因此结果的不确定性主要来自排放因子和活动水平的不确定性。

1. 排放因子不确定性

本书中机动车排放因子是通过机动车排放测试获得一定数量的源测试样品，然后计算出具有统计特征的平均排放因子，不可避免地会由仪器的测量误差、源测试对象的随机误差、源测试对象的代表性问题等导致排放因子数据具有一定的不确定性。

2. 活动水平不确定性

本书中以典型的机动车路网活动水平数据作为代表，而且数据获取方式包括实地监测、遥感检测、浮动车、交通分配模型等，这些手段和方法均存在一定的代表性问题和误差，因此活动水平数据具有不确定性。

第六章　机动车排放模型应用

本书中介绍的机动车排放模型已在北京市[36]、南京市[162]、廊坊市[163]等地进行了较为成功的应用。基于"自下而上"的清单方法学，且在机动车本地排放因子和路网活动水平的生成过程中均考虑了较为精细的机动车实际道路行驶特征，因此模型的计算和模拟结果与实际情况较为接近，且具有较高的时间和空间分辨率，并能为后续空气质量数值模拟提供更精准的输入数据[164]。

本章针对天津市集疏港公路排放影响较大的问题及当前国内外广泛采取的机动车低排放区政策，开展机动车排放模型的应用研究。

第一节　集疏港公路机动车排放影响评估

作为我国北方国际航运中心和物流中心，近年来天津市滨海新区经济社会发展迅速，交通需求不断提高。目前，位于滨海新区核心区的天津港已成为全球吞吐量第四大港[165]，进出港区的物流交通增长迅速，由此带来的大气污染问题不容忽视。

本书选取天津市典型集疏港公路——泰达大街进行实地监测，并利用 HTSVE 模型和空气质量数值模拟，评估机动车排放对周边空气质量的影响，以期为相关管控决策提供支撑。

一、机动车活动水平实地监测和分析

1. 监测方法

考虑到集疏港公路昼夜不间断的运输功能和道路特点，于 2019 年 12 月对泰达大街进行为期 7 天（含 5 个工作日和 2 个非工作日）、每天 24h 的实地连续监测。监测指标包括道路车流量、车速、车队构成、气象参数（空气质量模型输入参数）等。

监测仪器包括 AxleLight RLU 11 型路侧激光交通调查仪（车流量、车速、车队构成）、UMRR 型多车道测速雷达仪（车流量、车速、车队构成）、Hi-Pro MTC 10 型车辆打点计数器（车流量、车队构成）、视频录像机（车流量、车队构成）、FSR-4 型自动气象站（气象参数）等。仪器根据实际条件布设在安全且视野开阔的路边无遮挡处或路中交通龙门架上。泰达大街位置及实地监测点位如图 6-1 所示。

此外，距实地监测点位东北方向 500m 处布设有国控空气质量监测站，监测结果可用于分析泰达大街机动车排放对该点污染物浓度水平的贡献。

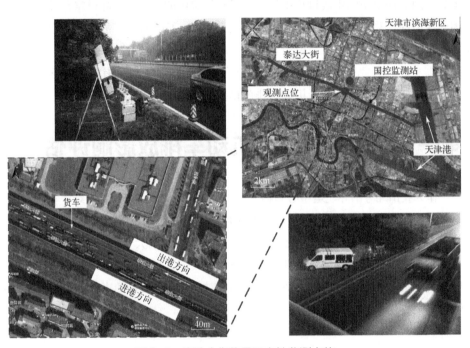

图 6-1　泰达大街位置及实地监测点位

2. 监测结果

（1）车流量和车速特征

作为天津港重要的集疏港通道，泰达大街承担了滨海新区核心区大量的物流和生活交通需求[166]。泰达大街车流量和车速特征如图 6-2 所示。进港（西向东）方向和出港（东向西）方向日平均车流量分别为 24160 辆和 21052 辆，平均车速分别为 56.28km/h 和 56.80km/h。同其他类型道路类似，泰达大街进出港双向车流量和车速小时变化趋势也分别呈现出明显的"M"形和"W"形特征。此外，泰达大街还存在显著的"潮汐交通"特点[167]，即早上人们驶入港区开展生产活动，因此进港方向早高峰车流量明显高于晚高峰，而当傍晚工作结束，又有大批车辆驶离港区，导致出港方向晚高峰车流量明显高于早高峰。

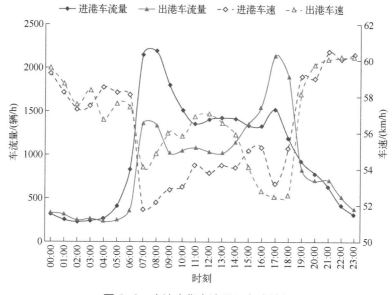

图 6-2　泰达大街车流量和车速特征

（2）车队构成特征

泰达大街主要通行小型客车（62.53%）和货车（32.21%），其中货车以集疏港柴油重型货车为主（占全部货车的 95.21%）。泰达大街货车比例变化趋势如图 6-3 所示。日间时段（6:00～20:00）货车比例相对较低，而夜间时段（20:00～次日 6:00）货车比例急剧升高。此外，根据视频录像和人工甄别，监测期间，泰达大街外地牌照货车在所有货车中的占比高达 58.54%，具有较高的活动水平，鉴于外地货车的燃油品质、I/M 水平、后处理技术等可能与本地车辆存在差距，针对外地高排放货车的管理和执法应引起足够重视。

（3）车流量-车速-货车比例的关系

进一步分析车流量-车速-货车比例的关系可知（图 6-4），泰达大街车流量和货车比例增加均会导致道路车速减小。由于车辆性能不同、载重大等，泰达大街上货车（"慢车"）行驶速度相对较小，而小型客车（"快车"）行驶速度相对较大，两者混行造成相互干扰严重，容易形成"移动瓶颈"[168]，影响道路通行效率。可考虑实施"快慢分离，快车优先"的措施，设置快车专用道，引导货车分流，从而提高道路服务水平，进而减少由机动车低速行驶和道路拥堵而造成的污染物排放，同时缓解"客货混行"造成的"港城交通矛盾"。

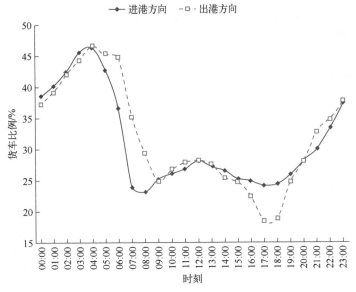

图 6-3　泰达大街货车比例变化趋势

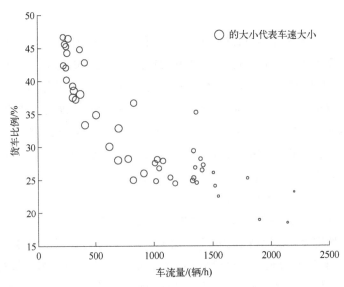

图 6-4　泰达大街车流量-车速-货车比例的关系

二、机动车污染物排放数值模拟

基于泰达大街机动车活动水平实地监测结果，利用 HTVSE 模型，生成较为精细的机动车排放清单（图6-5），并将其与实地监测获得的气象参数（图6-6）一起代入空气质量模型，定量评估泰达大街机动车污染物排放对区域空气质量的影响。

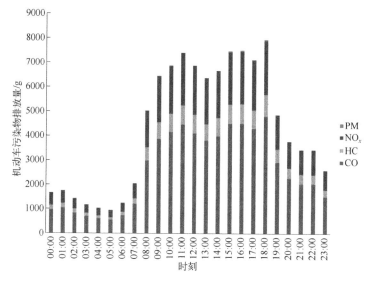

图 6-5　泰达大街机动车污染物排放量日变化趋势

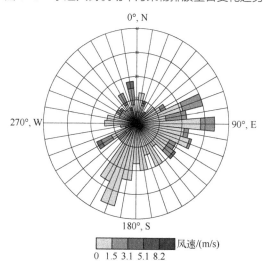

图 6-6　泰达大街实地监测期间风向频率玫瑰

1. 空气质量模型选择

本书选取 ADMS-urban 模型用于泰达大街机动车排放对空气质量影响的模拟。ADMS-urban 模型由英国剑桥环境公司（CERC）开发，可实现城市、区域、道路等不同级别的污染物扩散模拟和空气质量评价[169]。ADMS-urban 模型在稳定条件下和非稳定条件下分别采用基于高斯扩散模式和倾斜式的高斯扩散模式的方法计算污染物浓度；内嵌的化学模块采用远距离传输的轨迹模型和箱式模型，可模拟大气中多种污染物之间的相互反应；还可结合 GIS 软件绘制污染物浓度等值浓度图，便于分析和辅助决策。

模拟道路线源时，ADMS-urban 模型采用道路节点中心点位置、道路宽度、源高度等参数对道路进行定义，并将其分解成一系列长度有限的横截风线源。

路长为 L_s、源强为 $\bar{Q}_s$ 的道路源在某计算点浓度的计算公式如下。

$$\bar{C}(x, y, z) = \frac{\bar{Q}_s}{2\sqrt{2\pi}\sigma_z U} \exp\left(-\frac{z^2}{2\sigma_z^2}\right) \times \left[\mathrm{erf}\left(\frac{y + \frac{L_s}{2}}{\sqrt{2}\sigma_y}\right) - \mathrm{erf}\left(\frac{y - \frac{L_s}{2}}{\sqrt{2}\sigma_y}\right)\right]$$

式中　x，y，z——计算点在笛卡尔坐标系中的三维坐标；

　$\bar{C}(x, y, z)$——计算点处的污染物质量浓度；

　　　　U——平均风速；

　σ_y——横向扩散参数；

　σ_z——垂直向扩散参数；

　erf——高斯误差函数。

2. 空气质量模拟结果

将泰达大街机动车污染物扩散的 ADMS-urban 模拟结果的格点数据导出为点图层文件，并进一步利用 Ordinary Kriging 插值算法[170]转换为栅格数据，最终渲染后得到不同时段机动车污染物扩散情况（图 6-7）。综合图 6-5 和图 6-7 分析可知，泰达大街机动车排放的污染物主要集中在道路沿线，且在早高峰（7:00～9:00）和晚高峰（17:00～19:00）两个时段出现排放峰值；虽然夜间时段（20:00～次日 6:00）道路车流量下降明显，但机动车污染物尤其是 NO_x 和 PM 排放并未出现明显下降，说明夜间时段货车活动明显更为频繁。

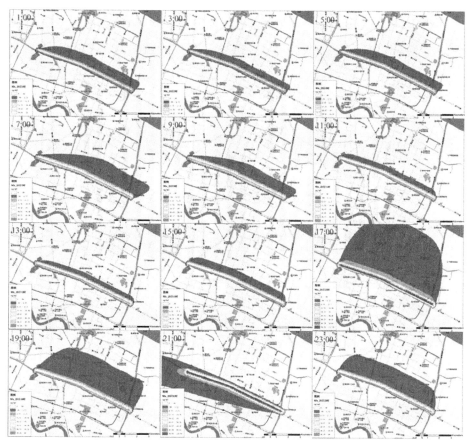

图6-7　集疏港公路（泰达大街）机动车排放对空气质量影响模拟结果（以NO$_x$为例）

利用ADMS-urban模型模拟国控监测站点位泰达大街机动车排放的污染物浓度，并将其与国控监测站监测结果进行对比，如图6-8所示；两者相关关系如图6-9所示。ADMS-urban模型模拟结果与国控监测站结果具有较好的相关性，相关系数R^2为0.6773。实地监测期间，ADMS-urban模型模拟结果与国控监测站结果的变化趋势较为一致，泰达大街机动车排放的NO$_x$在国控监测站点位的浓度值为17.39～74.83μg/m^3，平均浓度值为42.19μg/m^3，对该点位的贡献率为32.03%～74.24%，平均贡献率为52.47%，且早高峰（7:00～9:00）和晚高峰（17:00～19:00）时段贡献率达到峰值，说明泰达大街机动车污染物排放对该点位空气质量影响显著。

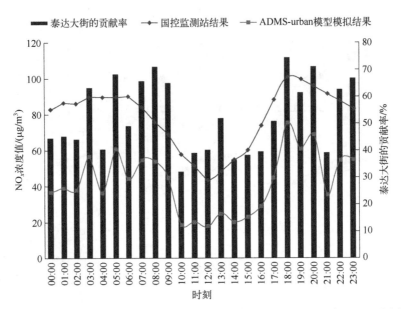

图 6-8　ADMS-urban 模型模拟结果与国控监测站监测结果对比（以 NO_x 为例）

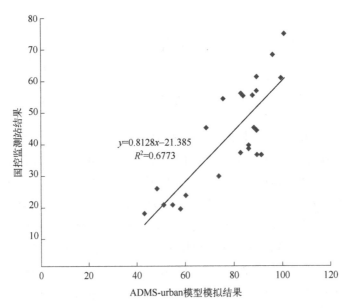

图 6-9　ADMS-urban 模型模拟结果与国控监测站监测结果相关关系（以 NO_x 为例）

三、机动车排放影响评估

综合机动车活动水平实地监测和机动车污染物排放数值模拟结果，可得出以下结论。

① 泰达大街进出港双向车流量和车速小时变化趋势分别呈现出明显的"M"形和"W"形特征，以及显著的"潮汐交通"特点。

② 泰达大街主要通行小型客车和货车，其中货车以集疏港柴油重型货车为主，货车比例在夜间时段急剧升高，外地牌照货车具有较高的活动水平。

③ 泰达大街车流量和货车比例增加均会导致道路车速减小，影响交通通行效率。

④ 泰达大街机动车排放的污染物主要集中在道路沿线，且在早高峰和晚高峰两个时段出现排放峰值，夜间时段货车排放明显加剧。

⑤ 泰达大街机动车排放污染物对附近国控监测站点空气质量影响显著，尤其是早高峰和晚高峰时段贡献率达到峰值。

⑥ 针对外地高排放货车的管理和执法应引起足够重视；考虑实施"快慢分离，快车优先"的措施，实现减排，同时缓解"客货混行"造成的"港城交通矛盾"。

第二节　机动车低排放区政策减排效果评估

"低排放区（low emission zone，LEZ）"政策是指为了改善空气质量、保障人民群众生命健康，而在城市中设立的限制或者禁止高污染、高排放机动车进入的特定地理区域[171]。目前，LEZ政策已成为世界许多国家和地区大城市控制交通污染的有效措施，代表性地区有英国伦敦、意大利米兰、德国柏林、瑞典斯德哥尔摩、新加坡等。北京市作为我国首都，社会经济高度发达，机动车保有量巨大且仍进一步增长，同时车龄和行驶里程较大的高污染、高排放老旧车的排放问题较为突出，机动车活动造成的空气污染问题亟待解决。参考国外大城市经验，LEZ政策也将成为北京市解决交通污染问题的重要手段。

本书基于北京市机动车活动水平基础数据，利用HTVSE模型，对不同的LEZ政策情景的减排效果进行计算和评估，以期为相关决策提供支撑。

一、低排放区政策及减排效果评估方法

1. 低排放区政策概述

随着机动车车龄增长，其自身性能老化和尾气处理装置劣化都会增加污染物的排放，进而影响空气质量。"老旧车（old car）"是一个相对概念，是指在现有机动车车队构成中排放标准低、车龄大、里程长、车况差、污染重的车辆，当前通常指国Ⅰ前、国Ⅰ和国Ⅱ标准机动车。这部分车辆虽然在机动车总量中占比相对不高，但污染物排放占比却不容忽视。目前，世界各国均开始逐步实施老旧车的"末位淘汰制"[172]。从广义上说，LEZ政策就是通过限制这部分车辆在特定区域的活动，促使路网车队构成的更新，进而达到机动车污染物减排的目的[173]。

2. 低排放区政策情景设置

在本书中，实施区域、控制标准和实施期限是LEZ政策减排效果的三个重要影响因素。其中，实施区域分为二环内（北京核心区）和五环内（北京市区）；控制标准分为国Ⅰ和国Ⅱ；实施期限分为短期LEZ限行（所有被限制的机动车均不上路行驶，路网车流量降低）和长期LEZ限行（被限制的机动车逐步被新的、限行标准以上的车辆代替，路网车流量恢复到LEZ政策实施前的水平）。由于小型汽油客车（light-duty-gasoline vehicle，LDGV）是北京市区的主流车型，LEZ政策实施的对象为小型汽油客车。综上，本书中，LEZ政策设置8种情景进行模拟分析，如表6-1所示。LEZ政策情景模拟基准年为2012年，模拟结果为不同政策情景下的机动车污染物减排量。

表 6-1 北京市 LEZ 政策情景设置

情景	实施期限	实施区域	控制标准
情景 A	短期	二环内	国Ⅰ
情景 B	短期	二环内	国Ⅱ
情景 C	短期	五环内	国Ⅰ
情景 D	短期	五环内	国Ⅱ
情景 E	长期	二环内	国Ⅰ
情景 F	长期	二环内	国Ⅱ
情景 G	长期	五环内	国Ⅰ
情景 H	长期	五环内	国Ⅱ

3. 低排放区政策减排效果评估方法

开展 LEZ 政策评估需要大量的基础数据，包括机动车本地排放因子、实际路网交通流信息、实际路网车队构成特征等。利用 HTVSE 模型开展 LEZ 政策情景模拟和评估主要包括以下几个步骤：

① 通过浮动车技术、道路视频卡口（图 6-10）、实地调研等多种方式获取海量的道路车流量、车速、车队构成数据，并根据相关交通流模型推演至全路网；

② 利用 GIS 工具将道路交通流和车队构成特征与路网电子地图匹配并基于机动车实际道路行驶特征进行路段切分；

③ 基于本地排放因子、实际路网交通流和车队构成数据，利用"自下而上"方法计算当前机动车排放清单；

④ 根据不同的 LEZ 政策情景调整模型中相应的车队构成输入数据（图 6-11），模型自适应匹配生成新的、对应的路网交通流数据，从而计算得到不同情景下机动车的排放量；

⑤ 以当前机动车排放量减去不同 LEZ 政策情景下的机动车排放量，计算得到各情景的机动车减排量，并利用直方图或 GIS 地图渲染的方式实现直观展示。

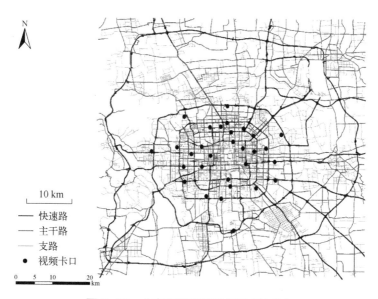

图 6-10　北京市道路视频卡口点位分布

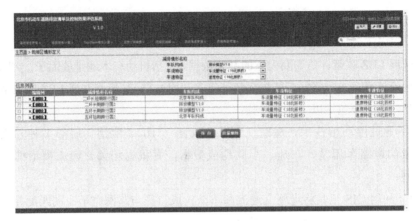

图6-11　HTVSE 模型输入数据调整

二、机动车实际活动水平特征分析

通过浮动车技术、道路视频卡口、实地调研等多种方式获得北京市机动车实际活动水平特征。

截至 2012 年底，北京市机动车保有量为 524 万辆。北京市不同排放标准机动车的保有量比例及其地理分布如图6-12 所示。国Ⅳ机动车保有量最高，占比接近 60%，且在北京市不同区域，国Ⅳ机动车均为最主流车型。国Ⅰ前、国Ⅰ和国Ⅱ的老旧车保有量占比相对较低，三者合计 17.46%。

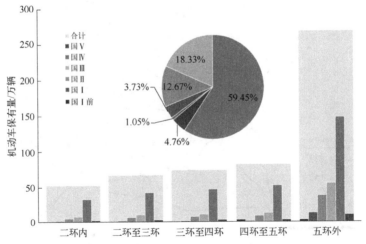

图6-12　北京市不同排放标准机动车的保有量比例及其地理分布

北京市不同类型道路长度比例及车队构成情况如图 6-13 所示。不同类型道路上，小型客车保有量占比最高，约为 70%，其次是出租车、轻型货车和公交车。北京市不同类型道路车流量和车速特征如图 6-14 所示。不同类型道路的车流量和车速的小时变化趋势均分别呈现出明显的"M"形和"W"形特征，即每天存在两个车流量峰值和车速谷值——早高峰（7:00～9:00）和晚高峰（17:00～19:00），与人们日常出行规律相符。

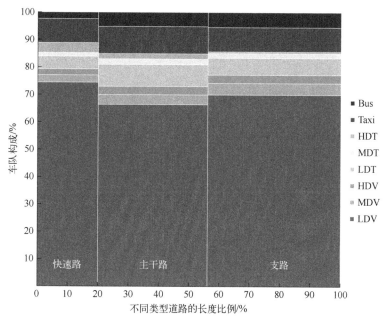

图 6-13　北京市不同类型道路长度比例及车队构成情况

三、当前机动车污染物排放量核算

基于北京市机动车本地排放因子和机动车路网活动水平，利用 HTVSE 模型，计算得到 2012 年北京市机动车排放 CO 7.27×10^5t、HC 7.19×10^4t、NO$_x$ 7.70×10^4t、PM 6.12×10^3t（图 6-15）。

HTVSE 模型结果与环境保护部发布的《2013 年中国机动车污染防治年报》（以下简称《年报》）[174]结果对比如表 6-2 所示。HTVSE 模型结果与《年报》结果相近，尤其是在数量级上基本一致。由于方法学上的优势，相对而言，HTVSE 模型结果更接近机动车污染物排放的实际情况，且具有更高的时空分辨率。

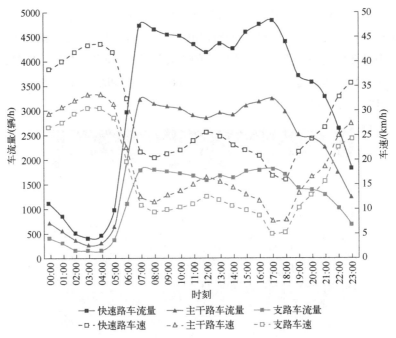

图 6-14　北京市不同类型道路车流量和车速特征

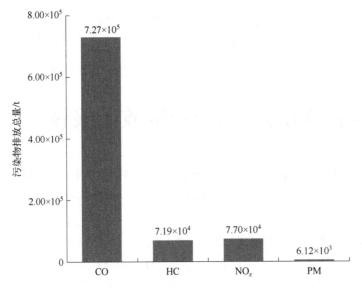

图 6-15　2012 年北京市机动车污染物排放总量

道路交通排放模型
与污染控制

表 6-2　2012 年北京市机动车污染物 HTVSE 模型结果与《年报》结果对比

污染物种类	HTVSE 模型结果/t	《年报》结果/t
CO	7.27×10^5	7.81×10^5
HC	7.19×10^4	8.55×10^4
NO_x	7.70×10^4	8.56×10^4
PM	6.12×10^3	4.52×10^3

北京市不同排放标准机动车的污染物排放分担率如图 6-16 所示。虽然国 Ⅰ 前、国 Ⅰ 和国 Ⅱ 的老旧车保有量占比有限（图 6-12），但由于其较高的单车排放因子，导致污染物排放分担率很高，尤其是 CO 和 HC 的排放分担率分别高达 81.85% 和 72.98%。另外，由于大部分的老旧车均为小型汽油客车，LEZ 政策对这一类型车辆的活动进行限制将有利于机动车污染物减排和控制量改善。

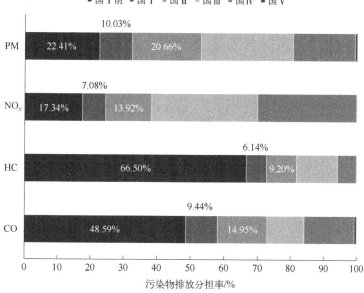

图 6-16　北京市不同排放标准机动车的污染物排放分担率

四、低排放区政策减排效果评估

1. 机动车活动水平变化

对于短期 LEZ 限行，由于所有被限制的机动车均不上路行驶，路网车流量将会降低；相反，对于长期 LEZ 限行，被限制的机动车逐步被新的、限行标准以上的车辆代替，路网车流量恢复到 LEZ 政策实施前的水平，即路网车流量保持不变。因此本书重点分析短期 LEZ 限行情景（即情景 A、情景 B、情景 C、情景 D）下机动车活动水平的变化，包括路网机动车总行驶里程和路网车速（日平均车速和高峰期平均车速）。

基于北京市不同排放标准机动车的保有量比例及其地理分布（图 6-12）和 LEZ 政策实施区域当前的路网机动车总行驶里程（表 6-3），HTVSE 模型中内嵌的交通流计算模块可模拟计算出短期 LEZ 限行情景下机动车活动水平的变化情况（图 6-17）。对于二环内和五环内区域来说，短期 LEZ 限行实施后，路网机动车日平均总行驶里程将会降低［图 6-17（a）］，而路网日平均车速和高峰期日平均车速将会提高［图 6-17（b）、（c）］，交通拥堵问题改善明显。

表 6-3　北京市 LEZ 政策实施区域当前的路网机动车总行驶里程　单位：×10⁴km

区域	国Ⅰ前	国Ⅰ	国Ⅱ	国Ⅲ	国Ⅳ	国Ⅴ
二环内	6.19	31.93	133.59	206.08	789.42	66.72
五环内	46.8	209.5	894.4	1230.5	5041.1	415.4

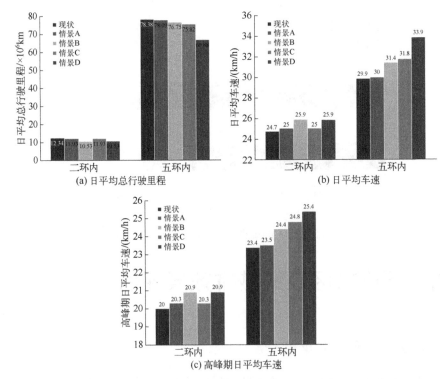

图 6-17　北京市短期 LEZ 限行情景下机动车活动水平的变化

道路交通排放模型
与污染控制

2. 减排结果分析

HTVSE 模型模拟的 8 种 LEZ 政策情景下的机动车污染物减排率如图 6-18 所示。利用 HTVSE 模型中内嵌的 GIS 可视化展示模块生成 8 种情景下的机动车网格化排放清单如图 6-19 所示。

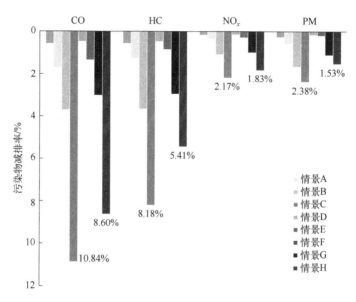

图 6-18 HTVSE 模型模拟的 8 种 LEZ 政策情景下的机动车污染物减排率

根据 HTVSE 模型的模拟结果，各种 LEZ 政策情景的实施对于机动车不同类型污染物（尤其是 CO 和 HC）的减排具有积极效果。情景 D 的减排效果最佳，在情景 D 下，CO 和 HC 的减排率分别为 10.83%和 8.18%；其次是情景 H，CO 和 HC 的减排率分别为 8.60%和 5.41%。这两种情景下的减排率明显高于其他情景，说明无论是长期还是短期，在五环内实施国 Ⅱ 及以下标准机动车限行对于 CO 和 HC 来说具有良好减排效果；相反，各情景下 NOx 和 PM 的减排率则相对较低，可能是由于小型汽油客车为北京市五环内区域的主流车型，而其对 NOx 和 PM 的排放贡献率有限。

对于不同的污染物，短期 LEZ 限行的减排效果明显优于长期 LEZ 限行。但也有研究表明，随着机动车自身性能老化和尾气处理装置劣化，在 LEZ 政策实施 2～3 年后，路网机动车污染物排放总量将会逐步恢复到政策实施前的水平[175]。因此，LEZ 政策需要根据机动车排放因子和实际活动水平的变化而进行定期的更新和调整（如提高限行标准），以实现污染物的长效减排。

此外，不同 LEZ 政策情景下污染物减排的绝对值并非很高，这是由于五环内区域的机动车污染物排放量仅占北京市全市域机动车污染物排放总量的一半左右。尽管如此，实施 LEZ 政策对于城市交通拥堵缓解、重污染天气应急管控、重大活动空气质量保障有着十分显著且立竿见影的效果。

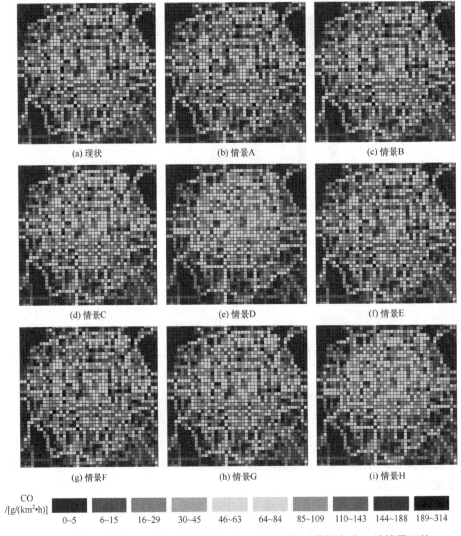

(a) 现状　　　　　　　　(b) 情景A　　　　　　　　(c) 情景B

(d) 情景C　　　　　　　(e) 情景D　　　　　　　(f) 情景E

(g) 情景F　　　　　　　(h) 情景G　　　　　　　(i) 情景H

CO
/[g/(km²·h)]

0~5　6~15　16~29　30~45　46~63　64~84　85~109　110~143　144~188　189~314

图6-19　利用 HTVSE 模型中内嵌的 GIS 可视化展示模块生成 8 种情景下的机动车网格化排放清单（1km×1km）（以 CO 为例）

第七章　机动车排放管控对策

本章基于天津市机动车污染物排放管控现状和需求，结合机动车排放清单结果和机动车污染控制国际先进经验，深入挖掘现存问题，提出科学合理的管控对策和建议。

第一节　机动车排放管控国际经验

欧美发达国家的机动车污染物排放控制工作起步较早，主要包括四个方面。

① 不断提高新车排放标准，并严控机动车保有量增长。这是最常见、最行之有效的机动车污染物排放管控模式，从源头上控制机动车污染物排放。与欧美国家相比，我国的机动车排放标准整体落后 6~8 年，大约相当于两个阶段。

② 持续改善燃油品质，而事实上"油品先行"一直以来都是欧美国家开展机动车减排工作行之有效的手段。早在 2000 年左右，美国环境保护署就做出判断，小型私家车排放标准的持续严格将导致其越来越清洁，而公交车和中、重型货车将成为重要的污染来源。为此，美国环境保护署制定了包含重型货车及其车用燃油的全国性控制体系。这些新标准对重型货车车用柴油提出了更高的要求，因此美国要求燃油供应商将柴油含硫量在 2006 年降低至 95%，而不至于影响柴油货车尾气过滤装置的处理效率。同时也给柴油货车发动机生产商提供了必要的过渡时间，以改进尾气控制技术。

③ 采取政府补贴或税费引导的方式，淘汰高排放车和老旧车，鼓励使用小排量车和新能源车。美国发布于 1993 年的《老旧车加速淘汰实施指南》规定，政府对提前淘汰老旧车的车主补贴约 600 美元。2009 年，美国又推出私家车"以旧换新优惠券计划"，消费者购买节能汽车可奖励价值约 4000 美元的优惠券。德国柏林、瑞典斯德哥尔摩等城市也相继对淘汰老旧车车主实行退税或在更换新车时减免购置税。

④ 实施"公交优先"战略，通过收费或征税的方式（如拥堵费、停车费、污染税等）减少普通私家车的上路行驶，在重点区域实施"低排放区"政策。意大利罗马和米兰、澳大利亚墨尔本等城市的中心城区禁止高排放车辆进入，并对普通私家车征收拥堵费。德国依据排放等级而对车辆发放不同的"环保标志"，并根据"环保标志"的颜色对车辆实施区域限行。瑞典斯德哥尔摩、英国伦敦规定除公

交车外的其他车辆进入收费区域每天需缴纳 20 瑞典克朗或 8 英镑左右的"进城费"。

第二节　机动车排放管控现存问题

近年来,天津市全面开展机动车污染防治工作,包括健全地方配套法规、淘汰黄标车(2015 年底已全部淘汰)、推广公交和班车使用清洁能源、实行机动车限行限购"双限"措施、提前实施国 V 排放标准等,并取得了积极进展,但在具体的工作实践中仍存在一些亟待解决的问题。

1. 新车生产一致性难以监管

少数汽车制造商为追求利润而存在车型申报与生产不一致,甚至弄虚作假制造伪国Ⅳ、国 V 车辆的情况。由于大部分车辆由外地企业生产,车辆生产、出厂环节难以知晓和监管,而天津市本地市场对车辆排放问题缺少检查,上牌时也未进行专门核实,导致部分伪国Ⅳ、国 V 车辆上路行驶。

2. 在用车管理职权不清

公安交管部门是车辆和驾驶员的主管部门,主要侧重交通安全,且拥有执法权;而车辆(包括高排放车、老旧车、过境货车等)环保达标、尾气排放的管理属于环保部门,但环保部门对在用车的管理权限有限。部门之间协同管理及相关制度研究有待加强。

3. 车辆限行限购范围需扩展

目前,天津市关于机动车限购的规定只涉及小客车,并未对柴油重型车等高排放高污染车辆实施限购;而限行区域也基本只针对城区,并未有针对性地限制远郊区县和夜间行驶的重型货车,难以达到大幅减排目的。

4. 管控能力建设相对不足

由于机动车具有流动性,污染防治工作技术较为复杂,天津市现有机动车污染监管工作人员的编制数量、技术水平、测试条件难以满足当前工作需要。天津市机动车保有量约为北京的 1/2,而机动车排放管理人员数量只有北京的 1/50,经费投入也严重不足。相比其他同等城市和地区而言,天津市机动车污染防治方面的技术支撑和监管能力明显不足。

第三节　机动车排放管控对策和建议

结合目前天津市机动车污染防治工作所面临的新形势和新要求，参考国际经验，针对机动车管控的现状和不足，提出相应的对策和建议。

一、加强新车和在用车环保管理

1. 严格新生产车辆管理

① 推动国家和区域层面加强对机动车生产企业的新车出厂监管，管住源头，杜绝环保不合格的问题车辆流入市场。

② 完善机动车准入许可和强制认证制度，形成发改、质检、环保、交通、工商等部门联合监管机制，强化机动车生产、销售等环节的监督检查。

2. 强化在用车辆监管

① 在完成淘汰黄标车的基础上，逐步加快老旧车淘汰进度，财政部门可根据实际情况对提前淘汰者实施一定补贴，同时鼓励车企和金融机构为淘汰老旧车、购置新车的用户提供降价或低息贷款等优惠措施，减轻公众负担。

② 引入市场机制，引导政府职能部门以及本地大型国企、上市企业、营运公司等用车大户（主要为班车、货车）主动承担社会责任，优先使用或租用"绿色车队"（由使用清洁能源或低排放车辆组成的车队）。

③ 开展机动车环保检测线专项集中检查和整治行动，杜绝排放不合格车辆上路行驶并得到及时维修。

④ 确保移动式和固定式遥感检测站的稳定运行，加强对高排放（黑烟）车辆的筛查和执法工作，并溯源倒查环保检测线数据，发现问题严肃处理。

二、加快提升燃油品质和推广使用新能源

① 加快燃油品质升级，推广清洁燃油技术，支持燃料乙醇、生物柴油、无

烟柴油等的生产和推广，对相关企业予以政策扶持和税收优惠。

② 加大对成品油的抽样检测力度，尤其是加强对中心城区以外的其他区县及乡镇加油站的重点检查，严厉打击非法生产、添加、进口、销售不合格燃油行为。加大违法行为处罚力度，建立违法企业黑名单制度，并予以公示。

③ 推广新能源汽车。对销售新能源汽车的企业给予宣传、税收等方面的扶持，对购买新能源汽车的个人或单位给予一定经济补贴；积极发挥政府采购的导向作用，扩大新能源汽车的使用范围，如出租车、物流、公安巡逻、机场通勤等，制订车辆更新计划，不断提高新能源汽车运营比重。

三、完善城市交通管理和规划

① 推广城市智能交通系统，推行错峰上下班、潮汐车道、汽车合乘等缓解交通拥堵的措施。

② 实施公交优先战略，构建以城市公共交通为主的城市机动化出行系统，加快推进轨道交通（地铁、城际铁路）设施建设，提高公共交通出行比例。

③ 持续开展道路交通优化工作，尤其是对于敏感区域范围内的交通拥堵点（如医院、学校、居民区、商业区等），采取疏导与管制相结合的方式，保障交通顺畅，减少交通拥堵造成的排放。

④ 确保重型车限行的政策严格执行，减少或禁止重型货车过境穿行主城区，尤其应加强夜间的严格执法。

⑤ 规划和交通部门在制定相关规划时要重点考虑疏导中心城区和滨海新区核心区功能，形成合理的交通和物流需求，尤其是要重视缓解滨海新区"港城矛盾、客货混流"的突出矛盾。

四、加强监管队伍和能力建设

① 实行机动车尾气统一协调管理，破解目前多部门管理但又管不到位的困境，建立"交环合一"的工作机制，即环保、公安和交通运输部门密切配合，联合执法，定期开展路检、抽检或道路巡查。

② 设立机动车尾气污染防治专项资金，保障在用机动车尾气日常监督管理

的正常开展。

③ 在面临人员缺乏、技术不足的现状条件下，管理部门可充分整合本地现有专业科研机构的优势和资源，开展合作或成立联合机构，进行关键技术专项攻关，如排放标准的制修订、排放检测技术、污染治理技术以及相关政策的效果评估等，也可为新车生产一致性监督管理、机动车环保检测线认证和人员培训、机动车道路排放抽检与实时检测等日常工作提供技术支持，实现优势互补，促进机动车污染排放监管队伍建设和管理水平的提高。

五、加大宣传力度和鼓励公众参与

① 充分利用各大网站、电视、电台、平面媒体等平台，向广大市民普及机动车尾气污染防治的各项法规和常识，提高市民对机动车尾气污染防治工作的认识，争取公众的理解和支持。

② 提倡车主尽量减少机动车的使用，改用步行或公共交通；劝导驾驶员进行"绿色驾驶"和文明驾驶，如不大脚踩油门、不急踩刹车、长时间等候时关闭发动机等。

③ 鼓励公众参与，利用手机 APP 和移动互联网平台，发动普通公众抓拍高排放车违法上路的环境违法行为并及时举报，最大化利用社会监管资源，提高网格化执法精准性和效率。

附录

附录 A 2019 年天津市各类型机动车保有量

表 A 2019 年天津市各类型机动车保有量

单位：辆

排放标准	燃料类型	微型客车	小型客车	中型客车	大型客车	微型货车	轻型货车	中型货车	重型货车	公交车	出租车	普通摩托车	轻便摩托车	三轮汽车	低速货车	合计
国 I	汽油	3513	19363	71	31	0	25	1	0	0	0	1266	136	0	0	24406
	柴油	0	63	44	33	0	785	19	57	0	0	0	0	0	2	1003
	其他	0	3	0	0	0	0	0	0	0	0	0	0	0	0	3
国 II	汽油	2907	112680	1638	551	84	5724	46	53	0	0	13274	181	0	0	137138
	柴油	0	678	791	566	4	14552	2030	1539	1	0	0	0	516	103	20780
	其他	0	6	2	0	0	3	0	0	0	0	0	0	0	0	11
国 III	汽油	6313	475186	2129	404	299	10517	12	61	0	1481	7127	24	0	0	503553
	柴油	0	6218	3265	7954	12	75416	7027	34302	2393	0	0	0	0	0	136587
	其他	0	20	0	223	0	2	0	44	352	1	0	0	0	0	642
国 IV	汽油	8217	1216746	2617	289	11	39939	5	0	0	10469	0	0	0	0	1278293
	柴油	0	4176	1806	2875	0	40500	2470	16298	3789	0	0	0	0	0	71914
	其他	1	1498	14	505	0	970	0	1817	1640	367	0	0	0	0	6812
国 V	汽油	521	470568	708	0	0	31497	0	0	0	18892	0	0	0	0	522186
	柴油	0	117	182	175	0	331	258	1292	408	0	0	0	0	0	2763
	其他	0	15280	0	766	0	100	3	1722	1236	101	0	0	0	0	19208
合计		21472	2322602	13267	14372	410	220361	11871	57185	9819	31311	21667	341	516	105	2725299

附录 B 机动车排放因子拟合结果

表 B 机动车排放因子拟合结果

车辆类型	CO	HC	NO_x	PM
CHN V HDT	$y=3\times10^{-5}x^6-0.0009x^5+0.0119x^4-0.0861x^3+0.3667x^2-0.9378x+1.3887$	$y=5\times10^{-6}x^6-0.0002x^5+0.0022x^4-0.0165x^3+0.0714x^2-0.1804x+0.2403$	$y=0.0003x^6-0.0104x^5+0.1255x^4-0.7656x^3+2.5261x^2-4.6807x+6.3937$	$y=8\times10^{-6}x^6-0.0003x^5+0.0035x^4-0.0239x^3+0.0952x^2-0.2205x+0.2778$
CHN IV HDT	$y=3\times10^{-5}x^6-0.001x^5+0.0126x^4-0.0895x^3+0.3725x^2-0.9315x+1.3626$	$y=4\times10^{-5}x^6-0.0014x^5+0.0189x^4-0.1404x^3+0.6115x^2-1.5577x+2.1286$	$y=0.0005x^6-0.0153x^5+0.1839x^4-1.1129x^3+3.6284x^2-6.6958x+9.8498$	$y=8\times10^{-6}x^6-0.0003x^5+0.0034x^4-0.0234x^3+0.0932x^2-0.2159x+0.2736$
CHN V MDT	$y=1\times10^{-5}x^6-0.0004x^5+0.0055x^4-0.0413x^3+0.1828x^2-0.4769x+0.6856$	$y=2\times10^{-6}x^6-8\times10^{-5}x^5+0.0011x^4-0.0081x^3+0.0361x^2-0.0946x+0.1313$	$y=0.0002x^6-0.0076x^5+0.0921x^4-0.5691x^3+1.9129x^2-3.582x+4.5542$	$y=6\times10^{-6}x^6-0.0002x^5+0.0027x^4-0.0189x^3+0.0758x^2-0.1738x+0.2105$
CHN IV MDT	$y=0.0002x^6-0.006x^5+0.083x^4-0.6182x^3+2.7184x^2-7.054x+10.112$	$y=2\times10^{-6}x^6-8\times10^{-5}x^5+0.0011x^4-0.008x^3+0.0356x^2-0.0931x+0.129$	$y=0.0004x^6-0.0107x^5+0.129x^4-0.7918x^3+2.6451x^2-4.9939x+6.8867$	$y=6\times10^{-6}x^6-0.0002x^5+0.0027x^4-0.0186x^3+0.0746x^2-0.1708x+0.2069$
CHN V LDT	$y=-4\times10^{-7}x^6+8\times10^{-5}x^5-3\times10^{-5}x^4-0.0002x^3+0.2341x^2-2.5973x+9.2367$	$y=1\times10^{-5}x^6-0.0005x^5+0.0059x^4-0.039x^3+0.1487x^2-0.3094x+0.3327$	$y=1\times10^{-5}x^6-0.0003x^5+0.0041x^4-0.0277x^3+0.1047x^2-0.216x+0.2557$	$y=3\times10^{-7}x^6-8\times10^{-5}x^5+0.0001x^4-0.0007x^3+0.0026x^2-0.0053x+0.006$
CHN IV LDT	$y=-4\times10^{-7}x^6+8\times10^{-5}x^5-3\times10^{-5}x^4-0.0002x^3+0.2341x^2-2.5973x+9.2367$	$y=2\times10^{-6}x^6-0.0005x^5+0.006x^4-0.0441x^3+0.1659x^2-0.3452x+0.3712$	$y=1\times10^{-5}x^6-0.0004x^5+0.0046x^4-0.0309x^3+0.1168x^2-0.2409x+0.2852$	$y=3\times10^{-7}x^6-8\times10^{-5}x^5+0.0001x^4-0.0007x^3+0.0026x^2-0.0053x+0.015$
CHN V HDV	$y=5\times10^{-6}x^6-0.0016x^5+0.0205x^4-0.1411x^3+0.5555x^2-1.2412x+1.4574$	$y=7\times10^{-6}x^6-0.0002x^5+0.003x^4-0.0212x^3+0.0876x^2-0.208x+0.254$	$y=0.0005x^6-0.0143x^5+0.1819x^4-1.2066x^3+4.4956x^2-9.3708x+10.64$	$y=2\times10^{-6}x^6-0.0005x^5+0.0065x^4-0.0442x^3+0.1698x^2-0.3654x+0.4012$
CHN IV HDV	$y=5\times10^{-6}x^6-0.0015x^5+0.0199x^4-0.1374x^3+0.5407x^2-1.2073x+1.4168$	$y=7\times10^{-6}x^6-0.0002x^5+0.0029x^4-0.0205x^3+0.0849x^2-0.2018x+0.2466$	$y=0.0006x^6-0.02x^5+0.2541x^4-1.6886x^3+6.319x^2-13.336x+15.822$	$y=2\times10^{-6}x^6-0.0005x^5+0.0063x^4-0.0429x^3+0.1648x^2-0.3549x+0.3898$
CHN V MDV	$y=-0.0008x^6-0.0263x^5+0.3358x^4-2.2511x^3+8.4756x^2-17.58x+23.319$	$y=4\times10^{-5}x^6-0.0013x^5+0.0162x^4-0.1083x^3+0.4078x^2-0.8408x+0.787$	$y=2\times10^{-5}x^6-0.0006x^5+0.0077x^4-0.0512x^3+0.1924x^2-0.3992x+0.4301$	$y=3\times10^{-7}x^6-8\times10^{-5}x^5+0.0001x^4-0.0007x^3+0.0026x^2-0.0053x+0.005$
CHN IV MDV	$y=0.0014x^6-0.0438x^5+0.5597x^4-3.7519x^3+14.126x^2-29.3x+38.865$	$y=5\times10^{-5}x^6-0.0015x^5+0.0194x^4-0.1298x^3+0.4887x^2-1.0076x+0.9431$	$y=2\times10^{-5}x^6-0.0007x^5+0.0092x^4-0.0614x^3+0.2305x^2-0.4783x+0.5154$	$y=3\times10^{-7}x^6-8\times10^{-5}x^5+0.0001x^4-0.0007x^3+0.0026x^2-0.0053x+0.004$
CHN V LDV	$y=-0.0004x^6-0.0119x^5+0.1513x^4-1.0146x^3+3.8199x^2-7.7638x+7.401$	$y=6\times10^{-6}x^6-0.0002x^5+0.0022x^4-0.0147x^3+0.0555x^2-0.1154x+0.3897$	$y=3\times10^{-5}x^6-0.0001x^5+0.0013x^4-0.0089x^3+0.0335x^2-0.0696x+0.0937$	$y=3\times10^{-7}x^6-9\times10^{-5}x^5+0.0001x^4-0.0008x^3+0.0028x^2-0.0058x+0.008$
CHN IV LDV	$y=-0.0004x^6-0.0119x^5+0.1513x^4-1.0146x^3+3.8199x^2-7.7638x+8.9175$	$y=6\times10^{-6}x^6-0.0002x^5+0.0022x^4-0.0147x^3+0.0555x^2-0.1154x+0.3881$	$y=4\times10^{-5}x^6-0.0001x^5+0.0016x^4-0.0107x^3+0.0402x^2-0.0835x+0.1124$	$y=3\times10^{-6}x^6-9\times10^{-5}x^5+0.0011x^4-0.0076x^3+0.0285x^2-0.0583x+0.0797$

附录 C 机动车路网活动水平数据调查表

表 C1 道路信息调查表

道路 ID	
道路名称	
道路坐标点	
道路类型	
道路长度	
道路宽度	
坡度	
车道数	
路段方向	
路面铺装	
所属行政区	

表 C2 机动车保有量和行驶里程调查表

车型		使用性质	按燃料类型分类	分排放标准各类型车保有量/万辆						行驶里程/(km/年)
				国 I 前	国 I	国 II	国 III	国 IV	国 V	
客车	微型	出租车	汽油							
			柴油							
		其他	汽油							
			柴油							

续表

车型		使用性质	按燃料类型分类	分排放标准各类型车保有量/万辆						行驶里程（km/年）
				国I前	国I	国II	国III	国IV	国V	
客车	小型	出租车	汽油							
			柴油							
			其他							
		其他	汽油							
			柴油							
			其他							
	中型	公交车	汽油							
			柴油							
			其他							
		其他	汽油							
			柴油							
			其他							
	大型	公交车	汽油							
			柴油							
			其他							
		其他	汽油							
			柴油							
			其他							
货车	微型		汽油							
			柴油							
	轻型		汽油							
			柴油							

车型		使用性质	按燃料类型分类	分排放标准各类型车保有量/万辆						行驶里程/（km/年）
				国Ⅰ前	国Ⅰ	国Ⅱ	国Ⅲ	国Ⅳ	国Ⅴ	
货车	中型		汽油							
			柴油							
	重型		汽油							
			柴油							
低速货车	三轮汽车		柴油							
	低速汽车		柴油							
摩托车	普通摩托车		汽油							
	轻便摩托车		汽油							

表C3 路网动态交通信息调查表

交通流量检测点信息	检测点道路名称（方向）	
	检测点设备类型	地感线圈□ 视频检测□ 微波检测□ 激光检测□ 雷达检测□ 其他检测□
	检测点位置坐标	经度： 纬度：
	检测车道	
	数据周期（min、h）	
	数据内容（车型、车速）	车型□ 车速□ 其他□
	车辆分型种类	微小中大□ 客货□ 其他□
	数据传输方式	Ethernet□ LAN□ GPRS□ 3G□ 其他□
	记录时间	年 月 日

交通信息	车流量/（辆/h）	1	2	3	4	5	6	7	8	9	10	11	12	13	14	15	16	17	18	19	20	21	22	23	24
	车速度/（km/h）	1	2	3	4	5	6	7	8	9	10	11	12	13	14	15	16	17	18	19	20	21	22	23	24

表 C4　浮动车数据调查表

车牌号	
车型	
时间	
经度	
纬度	
速度/（km/h）	
GPS 状态	

表 C5　交通信息实地调查表

道路信息	道路名称	
	方向	
	道路类型	
	车道数	
设备信息	交通调查仪名称	
	交通调查仪位置坐标	经度：　　　　　　　　纬度：
交通信息	车流量（小时平均）/（辆/h）	
	车速（小时平均）/（km/h）	
	车型比例	

附录 D 基于实地监测手段的各典型道路机动车活动水平结果

表 D1 基于实地监测手段的各典型道路车流量

单位：辆

编号	区域	道路名称	道路类型	工作日/非工作日平均	6:00~7:00	7:00~8:00	8:00~9:00	9:00~10:00	10:00~11:00	11:00~12:00	12:00~13:00	13:00~14:00	14:00~15:00	15:00~16:00	16:00~17:00	17:00~18:00	18:00~19:00	19:00~20:00	20:00~21:00	21:00~22:00	22:00~23:00	23:00~24:00
1	中心城区	外环西路	快速路	工作日	721	1685	1623	1460	1232	1124	982	1026	1064	1072	1527	1990	1705	1220	814	537	401	220
				非工作日	478	1030	1216	1243	1239	1142	967	942	1008	1016	1185	1252	1106	887	687	499	354	183
2	中心城区	简阳路	快速路	工作日	2654	4402	4883	4837	4346	4219	3411	3457	3677	3885	4366	5886	4926	4060	2782	2322	1835	1524
				非工作日	1875	2838	3913	4328	4327	4052	3619	3603	3971	4172	4417	4237	4062	3401	3135	2502	1650	1278
3	中心城区	复康路	主干路	工作日	1422	2459	2595	2531	2500	2340	2017	2216	2306	2336	2359	2520	2283	2019	1529	1436	1073	743
				非工作日	845	1241	1910	2489	2517	2319	2104	2084	2081	2122	2102	2188	1907	1614	1476	1316	920	680
4	中心城区	曲阜道	主干路	工作日	1675	2858	3959	3471	3215	3019	2995	2753	2847	3219	3101	3654	3134	2706	2780	2531	2315	1543
				非工作日	1024	1825	2566	3100	3267	3564	3400	3301	3218	3426	3576	3316	3306	2945	2659	2721	2443	1980
5	中心城区	白堤路	次干路	工作日	562	936	1087	1136	1148	1128	975	927	999	1047	1062	1115	976	949	792	762	561	326
				非工作日	480	570	876	1079	1100	1149	959	891	900	1005	979	936	843	734	723	683	523	321
6	中心城区	张自忠路	次干路	工作日	434	813	1043	1117	1127	1052	1022	1058	1097	1248	1158	722	659	528	382	251	199	103
				非工作日	345	630	825	943	981	944	873	963	977	996	954	584	578	430	382	222	186	102
7	中心城区	鞍山西道	次干路	工作日	767	1066	1477	1346	1236	1280	1249	1293	1302	1365	1323	1426	1314	1244	1148	1148	1052	890
				非工作日	534	640	994	1222	1588	1386	1324	1259	1228	1228	1378	1299	1228	1259	1196	1053	1042	754
8	中心城区	河北路	支路	工作日	222	296	451	463	463	475	473	456	442	489	474	517	471	432	376	373	339	265
				非工作日	89	166	272	410	429	501	490	505	489	486	464	474	488	460	412	397	415	339

编号	区域	道路名称	道路类型	工作日/非工作日日平均	6:00~7:00	7:00~8:00	8:00~9:00	9:00~10:00	10:00~11:00	11:00~12:00	12:00~13:00	13:00~14:00	14:00~15:00	15:00~16:00	16:00~17:00	17:00~18:00	18:00~19:00	19:00~20:00	20:00~21:00	21:00~22:00	22:00~23:00	23:00~24:00
9	中心城区	赤峰道	支路	工作日	420	574	978	885	944	952	1090	910	992	1064	1073	1018	853	923	831	856	753	465
				非工作日	167	283	694	794	840	965	1011	1016	1013	1049	1136	1044	1026	1029	950	909	853	678
10	中心城区	成都道	支路	工作日	438	889	1065	948	894	820	912	724	762	839	942	966	1053	926	764	631	500	209
				非工作日	175	423	800	842	857	771	866	791	805	801	798	754	889	603	605	503	391	299
11	远郊区（大港）	学府路	主干路	工作日	845	1715	1589	1486	1437	1386	1246	1227	1205	1353	1499	1659	1270	693	687	475	420	398
				非工作日	743	1071	1625	1586	1582	1574	1453	1300	1257	1371	1957	1605	1425	953	780	720	630	412
12	远郊区（大港）	西环路	主干路	工作日	890	2863	2076	1716	1517	1464	1272	1521	1629	1559	1721	3411	1923	912	631	387	333	202
				非工作日	645	1678	2221	2298	2240	1886	1446	1715	1756	1970	1998	1952	1411	1038	727	613	512	476
13	远郊区（大港）	东环路	主干路	工作日	967	1615	2111	1886	1806	1759	1565	1706	1731	1763	1924	2396	1853	1271	1214	824	656	532
				非工作日	834	1440	1716	1743	2164	2070	1743	1794	1871	1995	2006	2387	2009	1498	1531	1119	889	677
14	远郊区（大港）	世纪大道	主干路	工作日	520	1127	1670	1538	1473	1460	1107	1422	1521	1643	1936	2110	1659	1189	947	741	612	321
				非工作日	311	634	1331	1386	1489	1376	1202	1178	1230	1562	1813	2334	2145	1520	1278	765	657	430
15	远郊区（大港）	南环路	主干路	工作日	1120	3504	2107	1896	1922	1737	1332	1342	1270	1541	1909	2878	1877	1191	951	807	676	310
				非工作日	770	2250	3303	1584	1552	1408	1287	1070	932	691	1233	1820	1387	1176	958	986	821	620
16	远郊区（大港）	迎宾街	次干路	工作日	675	1558	1267	1139	918	1047	937	930	830	865	1152	1995	1368	851	679	451	352	129
				非工作日	430	1038	1077	1025	802	777	622	657	853	826	978	908	677	632	594	352	282	226

表 D2　基于实地监测手段的各典型道路车速

编号	区域	道路名称	道路类型	工作日/非工作日平均	6:00~7:00	7:00~8:00	8:00~9:00	9:00~10:00	10:00~11:00	11:00~12:00	12:00~13:00	13:00~14:00	14:00~15:00	15:00~16:00	16:00~17:00	17:00~18:00	18:00~19:00	19:00~20:00	20:00~21:00	21:00~22:00	22:00~23:00	23:00~24:00
1	中心城区	外环西路	快速路	工作日	74.80	72.12	68.07	70.75	71.81	74.17	74.68	73.90	71.36	70.36	69.52	67.46	67.27	68.36	68.50	68.68	69.44	71.68
				非工作日	75.20	72.00	70.81	68.94	70.23	73.17	74.54	74.97	73.54	73.52	72.56	70.71	71.08	71.35	71.94	72.62	72.73	72.89
2	中心城区	简阳路	快速路	工作日	73.44	69.02	66.03	67.17	69.51	72.11	73.98	72.32	69.48	69.05	65.11	61.69	65.18	70.06	74.20	74.53	76.10	77.81
				非工作日	79.98	79.08	74.56	72.29	72.18	74.27	76.83	76.26	73.39	71.99	67.11	62.92	68.37	71.72	72.23	75.19	77.77	78.54
3	中心城区	复康路	主干路	工作日	55.32	53.73	50.01	50.03	50.94	52.73	54.73	54.29	52.84	52.60	51.65	51.00	49.95	52.29	53.52	53.93	58.24	59.48
				非工作日	62.42	59.43	55.81	51.01	48.10	49.89	53.26	53.31	53.41	52.33	51.71	52.90	53.10	53.81	53.85	54.40	58.15	60.90
4	中心城区	曲阜道	主干路	工作日	47.97	32.29	35.11	38.00	38.36	39.05	41.31	41.31	36.10	35.76	36.67	30.66	32.32	42.79	46.67	47.43	48.02	48.23
				非工作日	47.02	44.83	43.46	41.46	41.41	45.30	45.42	45.13	43.46	40.41	40.90	44.74	46.13	45.27	46.71	47.32	47.67	48.51
5	中心城区	白堤路	次干路	工作日	45.78	43.21	35.72	37.99	38.15	38.04	39.14	38.75	37.17	37.04	34.40	33.88	29.95	32.02	37.93	39.49	40.02	42.80
				非工作日	48.42	46.73	40.99	39.43	38.17	39.06	41.14	42.33	43.30	41.08	40.59	40.20	38.27	40.02	41.38	41.29	41.51	44.32
6	中心城区	张自忠路	次干路	工作日	49.94	48.16	36.88	39.06	41.64	44.46	45.75	44.33	39.91	38.59	35.84	33.71	35.10	35.43	43.39	45.10	46.86	47.85
				非工作日	53.28	53.62	47.91	42.65	40.99	41.72	42.94	44.63	43.35	43.08	43.33	42.00	39.92	41.50	42.72	43.45	43.29	48.48
7	中心城区	鞍山西道	次干路	工作日	42.86	32.50	33.97	33.76	35.10	38.21	39.00	38.76	37.80	37.82	35.11	31.33	33.02	38.50	39.32	42.34	45.21	45.43
				非工作日	44.00	41.51	38.83	38.44	34.66	36.34	39.05	38.83	34.81	34.85	34.00	33.54	36.35	42.15	43.79	44.68	44.76	45.00
8	中心城区	河北路	支路	工作日	33.86	26.29	27.21	28.29	28.19	28.03	27.54	27.23	25.94	25.51	24.95	23.56	24.33	28.58	30.12	30.55	33.08	33.67
				非工作日	34.83	30.45	28.21	27.22	26.21	26.44	25.38	26.29	26.95	25.49	22.73	23.70	25.26	26.02	26.87	31.19	33.01	34.44

编号	区域	道路名称	道路类型	工作日/非工作日平均	6:00~7:00	7:00~8:00	8:00~9:00	9:00~10:00	10:00~11:00	11:00~12:00	12:00~13:00	13:00~14:00	14:00~15:00	15:00~16:00	16:00~17:00	17:00~18:00	18:00~19:00	19:00~20:00	20:00~21:00	21:00~22:00	22:00~23:00	23:00~24:00
9	中心城区	赤峰道	支路	工作日	31.38	23.94	25.29	25.94	25.45	24.36	21.94	22.04	22.09	21.44	21.78	20.20	20.86	24.36	24.59	24.88	29.73	30.79
				非工作日	32.90	27.67	25.32	24.78	23.55	23.43	21.09	22.56	22.67	21.08	19.46	21.17	23.54	25.02	24.43	27.11	29.34	31.01
10	中心城区	成都道	支路	工作日	36.33	28.63	29.12	30.63	30.93	31.69	33.14	32.42	29.79	29.57	28.11	26.91	27.79	32.79	35.65	36.22	36.43	36.55
				非工作日	36.75	33.22	31.09	29.65	28.87	29.45	29.67	30.02	31.22	29.90	25.99	26.23	26.98	27.01	29.31	35.27	36.67	37.87
11	远郊区(大港)	学府路	主干路	工作日	56.12	51.86	52.09	52.10	52.43	52.84	54.95	54.45	53.62	52.31	53.02	53.96	54.28	56.09	55.82	57.46	57.89	59.24
				非工作日	57.15	56.02	55.23	53.14	55.21	55.59	55.99	55.67	55.43	53.21	51.78	51.89	52.89	53.51	54.01	56.30	57.32	58.56
12	远郊区(大港)	西环路	主干路	工作日	51.87	51.71	49.18	49.43	50.78	51.22	51.42	50.67	49.70	49.37	48.21	46.89	49.07	49.94	50.36	51.22	51.23	51.67
				非工作日	51.89	51.77	51.19	50.63	52.11	52.23	52.63	52.32	50.98	49.53	48.65	48.91	48.63	48.51	48.89	49.43	51.45	52.12
13	远郊区(大港)	东环路	主干路	工作日	54.00	51.79	50.64	50.77	51.61	52.03	53.18	52.56	51.66	50.84	50.61	49.55	51.67	53.02	53.09	54.34	54.56	55.46
				非工作日	56.02	55.39	54.71	53.39	55.16	55.41	55.81	55.50	54.70	52.87	51.72	51.90	52.26	52.51	52.95	53.38	55.39	55.84
14	远郊区(大港)	世纪大道	主干路	工作日	40.12	33.46	33.97	34.89	34.99	35.57	37.41	34.92	34.50	33.20	31.78	30.67	35.89	39.20	42.34	43.67	45.32	46.12
				非工作日	39.45	32.12	30.92	29.11	27.76	26.39	29.08	32.78	31.22	30.19	29.89	36.01	42.14	44.23	46.15	46.32	46.72	46.98
15	远郊区(大港)	南环路	主干路	工作日	40.50	38.84	37.98	38.07	38.71	39.02	39.89	39.42	38.75	38.13	37.96	37.16	38.75	39.76	39.82	40.76	40.92	41.59
				非工作日	40.02	39.55	39.03	38.04	39.37	39.56	39.86	39.62	39.03	37.65	36.79	36.93	37.20	38.21	38.72	39.01	39.54	40.88
16	远郊区(大港)	迎宾街	次干路	工作日	40.31	36.15	35.97	36.48	36.85	37.30	38.65	37.17	36.62	35.67	34.87	33.92	37.32	39.48	41.08	42.21	43.12	43.86
				非工作日	39.73	35.83	34.98	33.58	33.56	32.97	34.47	36.20	35.12	33.92	33.34	36.47	39.67	41.22	42.43	42.67	43.13	43.93

单位：%

表 D3 基于实地监测手段的各典型道路车队构成

编号	区域	道路名称	道路类型	工作日/非工作日平均	微型客车	小型客车	中型客车	大型客车	微型货车	轻型货车	中型货车	重型货车	公交车	出租车	普通摩托车	轻便摩托车	三轮汽车	低速货车
1	中心城区	外环西路	快速路	工作日	0	91.53	0.20	1.45	0	2.88	1.02	1.69	0	1.23	0	0	0	0
				非工作日	0	90.40	0.20	1.30	0	4.48	0.83	1.57	0	1.22	0	0	0	0
2	中心城区	简阳路	快速路	工作日	0	94.64	0.08	0.56	0	3.06	0.19	0.16	0.03	1.28	0	0	0	0
				非工作日	0	94.39	0.09	0.39	0	3.38	0.26	0.17	0.04	1.27	0	0	0	0
3	中心城区	复康路	主干路	工作日	0	94.51	0.32	0.95	0	2.02	0	0	0.92	1.27	0	0	0	0
				非工作日	0	95.15	0.28	0.64	0	1.63	0	0	1.01	1.28	0	0	0	0
4	中心城区	曲阜道	主干路	工作日	0.42	94.48	0.26	0.70	0	1.90	0.06	0	0.82	1.36	0	0	0	0
				非工作日	0.34	95.11	0.23	0.52	0	1.67	0.05	0	0.80	1.28	0	0	0	0
5	中心城区	白堤路	次干路	工作日	0	84.58	0.05	0.66	0	0.51	0	0	9.90	4.30	0	0	0	0
				非工作日	0	84.40	0.11	0.74	0	0.48	0	0	9.97	4.30	0	0	0	0
6	中心城区	张自忠路	次干路	工作日	0.84	85.45	0.21	0.44	0	1.80	0.12	0	5.74	5.40	0	0	0	0
				非工作日	0.67	86.07	0.17	0.40	0	1.70	0.10	0.07	5.54	5.28	0	0	0	0
7	中心城区	黎山西道	次干路	工作日	2.10	78.50	0.90	0.65	0	0.35	0	0	5.50	12.00	0	0	0	0
				非工作日	1.63	78.50	0.42	0.35	0	0.60	0	0	5.50	13.00	0	0	0	0
8	中心城区	河北路	支路	工作日	3.00	72.00	0.55	0.75	0	0.70	0	0	9.50	13.50	0	0	0	0
				非工作日	3.50	72.50	0	0.25	0.50	0.75	0	0	9.00	13.50	0	0	0	0
9	中心城区	赤峰道	支路	工作日	2.90	73.40	0.80	0.35	0	1.05	0	0	2.00	19.50	0	0	0	0
				非工作日	4.60	72.90	1.00	0.25	0	0.75	0	0	2.50	18.00	0	0	0	0

编号	区域	道路名称	道路类型	工作日/非工作日平均	微型客车	小型客车	中型客车	大型客车	微型货车	轻型货车	中型货车	重型货车	公交车	出租车	普通摩托车	轻便摩托车	三轮汽车	低速货车
10	中心城区	成都道	支路	工作日	2.30	81.00	0	0.35	0	0.35	0	0	3.00	13.00	0	0	0	0
				非工作日	3.50	78.35	1.00	0.25	0	0.25	0	0	3.15	13.50	0	0	0	0
11	远郊区(大港)	学府路	主干路	工作日	0	83.40	0.56	0.52	0	0.11	10.95	0	1.55	2.91	0	0	0	0
				非工作日	0	83.97	0.36	0.14	0	0.07	14.26	0	0.47	0.73	0	0	0	0
12	远郊区(大港)	西环路	主干路	工作日	0	82.10	0.96	0.64	0	0.06	11.58	0	2.89	1.76	0	0	0	0
				非工作日	0	84.30	0.41	0.26	0	0.04	10.47	0	2.97	1.54	0	0	0	0
13	远郊区(大港)	东环路	主干路	工作日	0	82.47	0.83	0.84	0	0.18	10.96	0	1.99	2.72	0	0	0	0
				非工作日	0	85.33	0.43	0.90	0	0.13	9.28	0	1.67	2.26	0	0	0	0
14	远郊区(大港)	世纪大道	主干路	工作日	8.03	50.42	0.32	0.22	33.76	5.14	1.06	0.38	0.02	0	0.29	0.36	0	0
				非工作日	11.27	50.18	0.18	0.13	23.90	9.85	2.21	1.64	0.01	0	0.38	0.25	0	0
15	远郊区(大港)	南环路	主干路	工作日	0	67.85	0.59	0.32	0	0.24	28.16	0	1.00	1.84	0	0	0	0
				非工作日	0	59.64	0.40	0.23	0	0.21	37.06	0	1.05	1.40	0	0	0	0
16	远郊区(大港)	迎宾街	次干路	工作日	0	89.84	0.34	0.58	0	0.09	3.27	0	1.99	3.89	0	0	0	0
				非工作日	0	93.00	0.19	0.19	0	0.06	2.26	0	1.83	2.47	0	0	0	0

附录 E 基于遥感检测技术的各典型道路机动车活动水平结果

表 E1 基于遥感检测技术的各典型道路车流量

单位：辆

编号	行政区	区域类别	道路名称	道路类型	工作日/非工作日平均	0:00-1:00	1:00-2:00	2:00-3:00	3:00-4:00	4:00-5:00	5:00-6:00	6:00-7:00	7:00-8:00	8:00-9:00	9:00-10:00	10:00-11:00	11:00-12:00	12:00-13:00	13:00-14:00	14:00-15:00	15:00-16:00	16:00-17:00	17:00-18:00	18:00-19:00	19:00-20:00	20:00-21:00	21:00-22:00	22:00-23:00	23:00-24:00
1	红桥	中心城区	丁字沽南大街	快速路	工作日	820	583	616	633	814	1166	1828	2935	2981	3210	2727	2925	2005	2142	2288	2323	2843	3673	3319	2710	1840	1484	1099	855
					非工作日	634	560	594	694	724	912	1102	2095	2368	2627	2996	2705	2466	2156	2402	2606	2741	2723	2785	2186	1949	1631	1019	690
2	和平	中心城区	云南路	次干路	工作日	402	349	334	361	471	518	629	854	1265	1217	1060	1147	1000	1054	1191	1182	1271	1021	893	927	824	742	603	446
					非工作日	370	374	294	329	397	432	434	672	968	1139	1196	1137	1042	1042	1046	1095	1083	899	831	765	697	636	602	367
3	南开	中心城区	滨水西道	次干路	工作日	411	344	388	360	439	489	588	963	1168	1207	1223	1174	986	994	1162	1123	1117	1004	902	893	749	668	607	434
					非工作日	346	374	335	337	405	435	461	614	841	1150	1216	1274	1027	1092	1046	1165	1008	923	865	807	794	611	626	357
4	河西	中心城区	大沽南路	快速路	工作日	814	640	610	607	830	1169	1661	2948	3540	3391	2754	2839	2205	2374	2205	2474	2725	4056	3466	2812	1890	1322	1082	925
					非工作日	634	620	617	648	757	866	1272	2123	2367	2891	2551	2776	2098	2456	2402	2571	2889	2615	2664	2048	1983	1603	991	689
5	河北	中心城区	中山北路	主干路	工作日	1066	914	821	756	892	1177	1698	2491	3020	2707	2720	2906	2496	2552	2752	3052	2834	2863	2902	2278	2101	1794	1766	1124
					非工作日	1150	901	828	684	857	858	849	1683	2142	2962	3171	2785	2586	2870	2494	2864	2900	2975	2615	2163	2126	2090	1551	1330
6	河东	中心城区	八纬北路	次干路	工作日	439	391	323	403	486	517	581	909	1173	1110	1283	1255	1122	1137	1137	1231	1163	1034	999	911	742	675	574	480
					非工作日	365	371	347	362	393	375	419	552	875	1186	1211	1114	1149	943	1024	1000	1079	1025	944	743	835	716	601	431
7	滨海新区塘沽	滨海新区核心区	新港三号路	次干路	工作日	415	368	333	402	436	509	587	963	1190	1141	1155	1155	999	1142	1111	1127	1145	1092	943	882	706	685	598	478
					非工作日	397	308	342	338	415	403	410	655	893	1188	1185	1252	979	1069	1111	1122	1180	927	853	811	717	707	612	411
8	东丽	远郊区	外环东路	快速路	工作日	722	594	702	644	720	1044	1760	3017	3478	2987	2893	2648	2040	2460	2238	2580	3164	3867	3022	2608	1804	1522	1015	873
					非工作日	658	553	607	686	710	953	1244	1910	2740	2913	2935	2469	2366	2301	2506	2716	2922	2920	2449	2152	2015	1575	1014	734
9	西青	远郊区	赛达大道	主干路	工作日	993	952	873	724	909	1188	1549	2612	3182	2795	2691	2563	2267	2598	2781	2718	2893	2951	2723	2450	2306	1931	1668	1238
					非工作日	1068	940	796	790	770	812	968	1526	2216	2724	3098	3180	2924	2567	2898	2781	2606	2847	2529	2206	1981	2053	1724	1377

续表

编号	行政区	区域类别	道路名称	道路类型	工作日/非工作日平均	0:00~1:00	1:00~2:00	2:00~3:00	3:00~4:00	4:00~5:00	5:00~6:00	6:00~7:00	7:00~8:00	8:00~9:00	9:00~10:00	10:00~11:00	11:00~12:00	12:00~13:00	13:00~14:00	14:00~15:00	15:00~16:00	16:00~17:00	17:00~18:00	18:00~19:00	19:00~20:00	20:00~21:00	21:00~22:00	22:00~23:00	23:00~24:00
10	津南	远郊区	津沽线	主干路	工作日	959	1049	844	734	909	1212	1406	2529	3532	2938	2642	2928	2510	2297	2438	2529	2841	3021	2883	2210	2308	1970	1837	1133
					非工作日	993	858	784	721	833	862	891	1515	2246	2768	3061	3104	2941	2616	2908	3026	2633	2602	2535	2354	2258	2220	1529	1354
11	滨海大港	远郊区	南环路	主干路	工作日	928	1054	835	791	926	1209	1602	2415	3018	2827	3127	2456	2708	2366	2667	2744	2606	2990	2857	2218	1975	2034	1647	1256
					非工作日	1161	884	751	706	848	888	1007	1522	2025	2615	3151	3002	2888	2625	2628	2712	2700	2758	2452	2139	2081	2179	1788	1425
12	滨海汉沽	远郊区	滨唐线	快速路	工作日	823	635	644	723	766	982	1608	3007	3248	3427	2755	2525	2298	2057	2291	2639	2822	4225	3177	2851	1714	1505	1210	855
					非工作日	712	601	689	599	736	879	1092	2001	2746	2739	2708	2396	2148	2493	2263	2340	2645	3000	2330	1939	2052	1503	1019	681
13	静海	远郊区	团泊湖大道	快速路	工作日	794	595	656	725	760	1065	1605	3178	3261	3032	2676	2902	2122	2289	2516	2519	2869	4292	3022	2622	1910	1470	1227	903
					非工作日	634	535	622	676	643	975	1116	1877	2621	2873	2990	2458	2092	2086	2387	2837	2631	2478	2718	2202	1796	1466	998	692
14	宁河	远郊区	津蓟线	快速路	工作日	681	590	672	601	750	1051	1804	2938	3124	3008	2716	2667	2141	2177	2282	2414	3039	3930	3433	2728	1667	1404	1008	869
					非工作日	720	537	659	637	757	954	1100	1756	2780	3060	2881	2523	2111	2251	2696	2458	2958	2582	2797	2077	1737	1597	1036	796
15	宝坻	远郊区	渠阳大街	主干路	工作日	1011	878	882	755	899	1118	1474	2597	3567	3232	2844	2907	2404	2391	2328	3005	2767	3134	2796	2408	1983	2167	1581	1188
					非工作日	1003	852	792	770	793	765	1003	1433	2171	3023	2796	2925	2521	2693	2672	2731	2753	2764	2749	2388	2168	1912	1627	1233
16	蓟州	远郊区	津围线	快速路	工作日	801	674	711	660	725	1059	1630	3064	3343	3093	3026	2607	2210	2275	2159	2681	3164	3695	3286	2709	1958	1466	1147	868
					非工作日	769	605	569	679	663	819	1153	1741	2639	3047	2893	2755	2389	2062	2405	2672	2845	2498	2586	1984	1988	1569	1089	802
17	武清	远郊区	福源道	快速路	工作日	827	655	597	606	723	1009	1521	3334	3282	3414	2950	2573	2192	2155	2172	2590	3091	3794	3104	2902	1739	1320	1055	957
					非工作日	745	598	682	689	754	977	1176	1996	2365	2713	2670	2592	2244	2174	2541	2819	2848	2727	2566	2165	1876	1629	1057	784
18	北辰	远郊区	南仓道	快速路	工作日	703	700	695	693	739	1040	1557	3305	3217	3451	2763	2861	2115	2382	2333	2566	2909	3555	3503	2388	1728	1462	1055	917
					非工作日	642	548	661	641	759	888	1178	1998	2725	2652	2840	2496	2311	2444	2498	2493	2944	2744	2784	2297	1760	1562	1006	749

附录

147

单位：%

表 E2 基于遥感检测技术的各典型道路车队构成

编号	行政区	区域类别	道路名称	道路类型	工作日/非工作日平均	小型客车	微型客车	中型客车	大型客车	微型货车	轻型货车	中型货车	重型货车	公交车	出租车	普通摩托车	轻便摩托车	三轮汽车	低速货车
1	虹桥	中心城区	丁字沽南大街	快速路	工作日	92.77	0	0.13	1.00	0	3.21	0.66	0.99	0.02	1.22	0	0	0	0
					非工作日	92.65	0	0.13	0.89	0	3.64	0.51	0.88	0.02	1.28	0	0	0	0
2	和平	中心城区	云南路	次干路	工作日	81.91	1.01	0.42	0.61	0	0.92	0.04	0	7.72	7.37	0	0	0	0
					非工作日	83.29	0.73	0.24	0.46	0	0.89	0.04	0.02	6.49	7.84	0	0	0	0
3	南开	中心城区	宾水西道	次干路	工作日	83.77	0.90	0.35	0.55	0	0.89	0.04	0	6.85	6.65	0	0	0	0
					非工作日	82.45	0.83	0.25	0.48	0	1.02	0.03	0.03	7.36	7.55	0	0	0	0
4	河西	中心城区	大沽南路	快速路	工作日	93.10	0	0.13	0.91	0	3.05	0.62	1.01	0.02	1.17	0	0	0	0
					非工作日	92.61	0	0.15	0.79	0	3.80	0.60	0.83	0.02	1.20	0	0	0	0
5	河北	中心城区	中山北路	主干路	工作日	94.39	0.21	0.31	0.85	0	2.15	0.03	0	0.85	1.21	0	0	0	0
					非工作日	95.08	0.18	0.26	0.61	0	1.69	0.02	0	0.91	1.24	0	0	0	0
6	河东	中心城区	八纬北路	次干路	工作日	83.88	0.91	0.36	0.53	0	0.83	0.04	0.02	6.51	6.93	0	0	0	0
					非工作日	82.67	0.81	0.25	0.50	0	0.94	0.03	0	7.66	7.12	0	0	0	0
7	滨海塘沽	滨海新区核心区	新港三号路	次干路	工作日	83.53	0.97	0.42	0.61	0	0.84	0.04	0.03	6.62	6.97	0	0	0	0
					非工作日	82.75	0.77	0.24	0.54	0	0.84	0.03	0.03	6.84	7.95	0	0	0	0
8	东丽	远郊区	外环东路	快速路	工作日	93.04	0	0.15	0.93	0	3.05	0.55	0.96	0.02	1.31	0	0	0	0
					非工作日	92.04	0	0.14	0.78	0	4.28	0.57	0.93	0.02	1.24	0	0	0	0
9	西青	远郊区	赛达大道	主干路	工作日	94.37	0.23	0.27	0.89	0	2.14	0.03	0	0.80	1.27	0	0	0	0
					非工作日	95.37	0.16	0.26	0.56	0	1.56	0.03	0	0.88	1.20	0	0	0	0

编号	行政区	区域类别	道路名称	道路类型	工作日/非工作日平均	小型客车	微型客车	中型客车	大型客车	微型货车	轻型货车	中型货车	重型货车	公交车	出租车	普通摩托车	轻便摩托车	三轮汽车	低速货车
10	津南	远郊区	津沽线	主干路	工作日	94.44	0.19	0.28	0.88	0	2.04	0.03	0	0.87	1.26	0	0	0	0
					非工作日	95.13	0.18	0.24	0.64	0	1.66	0.03	0	0.85	1.28	0	0	0	0
11	滨海大港	远郊区	南环路	主干路	工作日	94.49	0.23	0.28	0.88	0	1.81	0.03	0	0.94	1.34	0	0	0	0
					非工作日	95.12	0.18	0.26	0.61	0	1.59	0.03	0	0.87	1.35	0	0	0	0
12	滨海汉沽	远郊区	滨唐线	快速路	工作日	93.40	0	0.14	0.92	0	2.76	0.64	1.00	0.02	1.13	0	0	0	0
					非工作日	92.45	0	0.15	0.92	0	3.91	0.53	0.89	0.02	1.13	0	0	0	0
13	静海	远郊区	团泊湖大道	快速路	工作日	93.19	0	0.14	0.95	0	3.11	0.57	0.84	0.02	1.17	0	0	0	0
					非工作日	92.39	0	0.13	0.81	0	3.90	0.52	0.93	0.02	1.29	0	0	0	0
14	宁河	远郊区	津稐线	快速路	工作日	93.03	0	0.14	0.98	0	3.01	0.64	0.92	0.02	1.26	0	0	0	0
					非工作日	92.42	0	0.15	0.84	0	3.84	0.50	0.85	0.02	1.36	0	0	0	0
15	宝坻	远郊区	渠阳大街	主干路	工作日	94.41	0.19	0.29	0.85	0	1.99	0.03	0	0.86	1.37	0	0	0	0
					非工作日	95.15	0.16	0.23	0.61	0	1.55	0.02	0	0.95	1.32	0	0	0	0
16	蓟州	远郊区	津围线	快速路	工作日	93.03	0	0.15	0.99	0	3.11	0.62	0.87	0.02	1.22	0	0	0	0
					非工作日	92.32	0	0.16	0.93	0	3.86	0.54	0.85	0.02	1.33	0	0	0	0
17	武清	远郊区	福源道	快速路	工作日	93.32	0	0.13	0.97	0	2.70	0.65	0.94	0.02	1.28	0	0	0	0
					非工作日	92.25	0	0.14	0.85	0	4.15	0.50	0.93	0.02	1.16	0	0	0	0
18	北辰	远郊区	南仓道	快速路	工作日	92.97	0	0.15	1.05	0	3.00	0.55	0.92	0.02	1.35	0	0	0	0
					非工作日	92.18	0	0.13	0.83	0	4.26	0.51	0.86	0.02	1.21	0	0	0	0

表 F 用于排放模型开发的道路机动车车队构成数据表（样例）

Level 1

客车	货车	摩托车	低速货车
0.76429038	0.10228358	0.13047016	0.002947366

Level 2

客车

微型【客】	小型【客】	中型【客】	大型【客】
0.091122068	0.869505285	0.023039144	0.016333503

货车

微型【货】	轻型【货】	中型【货】	重型【货】
0.010393285	0.761638486	0.113363174	0.114605055

低速货车

三轮汽车	低速货车
0.637013137	0.362986863

摩托车

普通摩托车	轻便摩托车
0.852795552	0.147204448

Level 3

客车

微型【客】		小型【客】		中型【客】		大型【客】	
出租车	其他	出租车	其他	公交车	其他	公交车	其他
0	1	0.03169	0.9683	0.01859	0.98141	0.34449	0.6555

续表

货车

类型		燃料	值
微型【货】	Unique		1
轻型【货】	Unique		1
中型【货】	Unique		1
重型【货】	Unique		1

低速货车

类型		值
三轮汽车	Unique	1
低速汽车	Unique	1

摩托车

类型		值
普通摩托车	Unique	1
轻便摩托车	Unique	1

Level 4

客车

类型	汽油	柴油	其他
微型【客】	1		0
小型【客】	0.999	0.0002	0.0001
中型【客】	0.76	0.239	0.0001
大型【客】	0.996	0.004	0.0002

出租车

类型	汽油	柴油	其他
微型	1		0
出租车	0.999	0.0002	0.0001

公交车

类型	汽油	柴油	其他
中客	0.76	0.239	0
公交车	0.714	0.286	0
公交车	0.003	0.95	0.05
公交车	0.089	0.91	0.001

货车

类型		值
微型【货】	Unique	
轻型【货】	Unique	
中型【货】	Unique	
重型【货】	Unique	

汽油	柴油	汽油	柴油	汽油	柴油	汽油	柴油
0.962	0.037	0.329	0.671	0.055	0.946	0.042	0.958

三轮汽车		低速货车		低速汽车	
Unique		Unique		Unique	
柴油		柴油		柴油	
1		1		1	

普通摩托车		摩托车		轻便摩托车	
Unique		Unique		Unique	
汽油		汽油		汽油	
1		1		1	

Level 5

由于目前 Level 5 只有 Unique 这一个分类，所以道路机动车活动水平数值都为 1

Level 6

Level 1	Level 2	Level 3	Level 4	Level 5	Level 6	机动车活动水平
客车	微型【答】	出租车	汽油	Unique	国 I 前	0
					国 I	0
					国 II	0
					国 III	0.006
					国 IV	0.794
					国 V	0.2

续表

Level 1	Level 2	Level 3	Level 4	Level 5	Level 6	机动车活动水平
客车	微型【客】	出租车	柴油	Unique	国I前	0
					国I	0
					国II	0
					国III	0.006
					国IV	0.794
					国V	0.2
		其他	汽油	Unique	国I前	0
					国I	0
					国II	0
					国III	0.005
					国IV	0.995
					国V	0
	小型【客】	出租车	柴油	Unique	国I前	0
					国I	0
					国II	0
					国III	0.005
					国IV	0.995
					国V	0
			汽油	Unique	国I前	0
					国I	0
					国II	0

Level 1	Level 2	Level 3	Level 4	Level 5	Level 6	机动车活动水平
客车	小型【客】	出租车	汽油	Unique	国III	0.006
					国IV	0.794
					国V	0.2
			柴油	Unique	国I前	0
					国I	0
					国II	0
					国III	0.006
					国IV	0.794
					国V	0.2
			其他	Unique	国I前	0
					国I	0
					国II	0
					国III	0.006
					国IV	0.794
					国V	0.2
		其他	汽油	Unique	国I前	0
					国I	0
					国II	0
					国III	0.005
					国IV	0.995
					国V	0

Level 1	Level 2	Level 3	Level 4	Level 5	Level 6	机动车活动水平
客车	小型【客】	其他	柴油	Unique	国I前	0
					国I	0
					国II	0
					国III	0.005
					国IV	0.995
					国V	0
			其他	Unique	国I前	0
					国I	0
					国II	0
					国III	0.005
					国IV	0.995
					国V	0
	中型【客】	公交车	汽油	Unique	国I前	0
					国I	0
					国II	0.014
					国III	0.105
					国IV	0.054
					国V	0.827
			柴油	Unique	国I前	0
					国I	0.014
					国II	

Level 1	Level 2	Level 3	Level 4	Level 5	Level 6	机动车活动水平
客车	中型【客】	公交车	柴油	Unique	国III	0.105
					国IV	0.054
					国V	0.827
			其他	Unique	国I前	0
					国I	0
					国II	0.014
					国III	0.105
					国IV	0.054
					国V	0.827
		其他	汽油	Unique	国I前	0
					国I	0
					国II	0.014
					国III	0.105
					国IV	0.054
					国V	0.827
			柴油	Unique	国I前	0
					国I	0
					国II	0.014
					国III	0.105
					国IV	0.054
					国V	0.827

Level 1	Level 2	Level 3	Level 4	Level 5	Level 6	机动车活动水平
客车	中型【客】	其他	其他	Unique	国I前	0
					国I	0
					国II	0.014
					国III	0.105
					国IV	0.054
					国V	0.827
	大型【客】	公交车	汽油	Unique	国I前	0
					国I	0
					国II	0.014
					国III	0.105
					国IV	0.054
					国V	0.827
			柴油	Unique	国I前	0
					国I	0
					国II	0.014
					国III	0.105
					国IV	0.054
					国V	0.827
			其他	Unique	国I前	0
					国I	0
					国II	0.014

Level 1	Level 2	Level 3	Level 4	Level 5	Level 6	机动车活动水平
客车	大型【客】	公交车	其他	Unique	国III	0.105
					国IV	0.054
					国V	0.827
		其他	汽油	Unique	国I前	0
					国I	0
					国II	0.014
					国III	0.105
					国IV	0.054
					国V	0.827
			柴油	Unique	国I前	0
					国I	0
					国II	0.014
					国III	0.105
					国IV	0.054
					国V	0.827
			其他	Unique	国I前	0
					国I	0
					国II	0.014
					国III	0.105
					国IV	0.054
					国V	0.827
货车	微型【货】	Unique	汽油	Unique	国I前	0
					国I	0

Level 1	Level 2	Level 3	Level 4	Level 5	Level 6	机动车活动水平
货车	微型【货】	Unique	汽油	Unique	国II	0.014
					国III	0.105
					国IV	0.054
					国V	0.827
					国I前	0
			柴油	Unique	国I	0
					国II	0.014
					国III	0.105
					国IV	0.054
					国V	0.827
					国I前	0
	轻型【货】	Unique	汽油	Unique	国II	0.014
					国III	0.105
					国IV	0.054
					国V	0.827
					国I前	0
			柴油	Unique	国I	0
					国II	0.014
					国III	0.105
					国IV	0.054
					国V	0.827
					国I前	0
	中型【货】	Unique	汽油	Unique	国I前	0

Level 1	Level 2	Level 3	Level 4	Level 5	Level 6	机动车活动水平
货车	中型【货】	Unique	汽油	Unique	国I	0
					国II	0
					国III	0.003
					国IV	0.017
					国V	0.98
			柴油	Unique	国I前	0
					国I	0
					国II	0
					国III	0.003
					国IV	0.017
					国V	0.98
	重型【货】	Unique	汽油	Unique	国I	0
					国II	0
					国III	0.003
					国IV	0.017
					国V	0.98
			柴油	Unique	国I前	0
					国I	0
					国II	0
					国III	0.003
					国IV	0.017
					国V	0.98

Level 1	Level 2	Level 3	Level 4	Level 5	Level 6	机动车活动水平
低速车	三轮汽车	Unique	柴油	Unique	国I前	0
					国I	0
					国II	0
					国III	0.005
					国IV	0.025
					国V	0.97
	低速汽车	Unique	柴油	Unique	国I前	0
					国I	0
					国II	0
					国III	0.005
					国IV	0.025
					国V	0.97
摩托车	普通摩托车	Unique	汽油	Unique	国I前	0
					国I	0
					国II	0.044
					国III	0.956
					国IV	0
					国V	0
	轻便摩托车	Unique	汽油	Unique	国I前	0
					国I	0
					国II	0.044
					国III	0.956
					国IV	0
					国V	0

注：表中数字代表机动车车队车构成比例，各层级总和为1；Unique 表示预留分类。

参考文献

[1] 牛桂敏. 京津冀治霾面临的困境与出路 [J]. 环境保护, 2016, 44(6): 74-76.

[2] 文魁, 祝尔娟. 京津冀发展报告(2013): 承载力测度与对策 [N]. 北京: 社会科学文献出版社, 2013.

[3] Chan C, Yao X. Air pollution in mega cities in China [J]. Atmospheric Environment, 2008, 42(1): 1-42.

[4] 生态环境部. 2022 年中国移动源环境管理年报 [R]. 2022.

[5] 贺克斌, 霍红, 王岐东, 等. 道路机动车排放模型技术方法与应用 [M]. 北京: 科学出版社, 2014.

[6] Jing B, Wu L, Mao H, et al. Development of a vehicle emission inventory with high temporal-spatial resolution based on NRT traffic data and its impact on air pollution in Beijing-Part 1: development and evaluation of vehicle emission inventory [J]. Atmospheric Chemistry & Physics, 2016, 16: 3161-3170.

[7] Ding Y, Rakha H. Trip-based explanatory variables for estimating vehicle fuel consumption and emission rates [J]. Water Air & Soil Pollution Focus, 2002, 2(5-6): 61-77.

[8] Puleston P, Monsees G, Spurgeon S K. Air/fuel ratio and speed control for low emission vehicles based on sliding mode techniques [J]. Proceedings of the Institution of Mechanical Engineers Part Ⅰ Journal of Systems & Control Engineering, 2002, 216(12): 117.

[9] Kašpar J, Fornasiero P, Hickey N. Automotive catalytic converters: current status and some perspectives [J]. Catalysis Today, 2003, 77(4): 419-449.

[10] Han X, Zhang X. Model year of MOBILE to estimate road CO vehicle emission factor [J]. Environmental Science & Technology, 2010, 33(5): 183-187.

[11] John H. The action of carbonic oxide on man [J]. Journal of Physiology, 1972, 18(5-6): 430-462.

[12] Huang C, Wang H L, Li L, et al. VOC species and emission inventory from vehicles and their SOA formation potentials estimation in Shanghai, China [J]. Atmospheric Chemistry & Physics Discussions, 2015, 15(6): 7977-8015.

[13] Kirkeskov L, Witterseh T, Funch L W, et al. Health evaluation of volatile organic compound (VOC) emission from exotic wood products. [J]. Indoor Air, 2009, 19(1): 45-57.

[14] Che W, Zheng J, Wang S, et al. Assessment of motor vehicle emission control policies using Model-3/CMAQ model for the Pearl River Delta region, China [J]. Atmospheric Environment, 2011, 45(9): 1740-1751.

[15] Wild R J, Peischl J, Ryerson T B, et al. On-Road measurements of NO_2 /NO_x and NO_x/CO vehicle emission ratios in Colorado summer traffic [C].American Geophysical Union Fall Meeting, 2014.

[16] Harkonen J, Kukkonen J, Valkonen E, et al. The influence of vehicle emission characteristics and meteorological conditions on urban NO_2 concentrations [J]. International Journal of Vehicle Design, 1998, 20(2): 125-130.

[17] Larssen T, Lydersen E, Tang D, et al. Acid rain in China [J]. Environmental Science & Technology, 2007, 40(2): 418-425.

[18] Ning Z, Wubulihairen M, Yang F. PM, NO_x, and butane emissions from on-road vehicle fleets in Hong Kong and their implications on emission control policy [J]. Atmospheric Environment, 2012, 61(12): 265-274.

[19] Kittelson D B. Engines and nanoparticles: a review [J]. Journal of Aerosol Science, 1998, 29(5-6): 575-588.

[20] Valavanidis A, Fiotakis K, Vlachogianni T. Airborne particulate matter and human health: toxicological assessment and importance of size and composition of particles for oxidative damage and carcinogenic mechanisms. [J]. Journal of Environmental Science & Health Part C Environmental Carcinogenesis & Ecotoxicology Reviews, 2008, 26(4): 339.

[21] Schwarze P E, Ovrevik J, Lag M, et al. Particulate matter properties and health effects: consistency of epidemiological and toxicological studies [J]. Human & Experimental Toxicology, 2006, 25(10): 559-579.

[22] Yang W F, Yin Y, Wei Y X, et al. Characteristics and sources of metal elements in $PM_{2.5}$ during hazy days in Nanjing. [J]. China Environmental Science, 2010, 30(1): 12-17.

[23] Zhang Y, Wu L, Mao H, et al. Research on vehicle emission inventory and its management strategies in Tianjin [J]. Acta Scientiarum Naturalium Universitatis Nankaiensis, 2017, 50(1): 90-96.

[24] Westerdahl D, Wang X, Pan X, et al. Characterization of on-road vehicle emission factors and microenvironmental air quality in Beijing, China [J]. Atmospheric Environment, 2009, 43(3): 697-705.

[25] Wang H, Chen C, Huang C, et al. Application of the International Vehicle Emission model for estimating of vehicle emissions in Shanghai [J]. Acta Scientiae Circumstantiae, 2006, 26(1): 1-9.

[26] Zhang S, Wu Y, Liu H, et al. Historical evaluation of vehicle emission control in Guangzhou based on a multi-year emission inventory [J]. Atmospheric Environment, 2013, 76(76): 32-42.

[27] Che W W, Zheng J Y. Vehicle exhaust emission characteristics and contributions in the Pearl River Delta Region [J]. Research of Environmental Sciences, 2009, 22(4): 456-461.

[28] Zhao L W, Ding G D, Xiong X Y, et al. Evaluation method for vehicle emission in Tianjin [J]. Urban Environment & Urban Ecology, 2002(6): 48-50.

[29] Li L, Xie S, Zeng L, et al. Characteristics of volatile organic compounds and their role in ground-level ozone formation in the Beijing-Tianjin-Hebei region, China [J]. Atmospheric Environment, 2015, 113: 247-254.

[30] Zhang Q, Wu L, Yang Z, et al. Characteristics of gaseous and particulate pollutants exhaust from logistics transportation vehicle on real-world conditions [J]. Transportation Research Part D Transport & Environment, 2016, 43: 40-48.

[31] Deng F R. Research progress on vehicle emission related health effects in China [J]. Journal

of Environment & Health, 2008, 25(2): 174-176.

[32] Smit R, Ntziachristos L, Boulter P. Validation of road vehicle and traffic emission models - A review and meta-analysis [J]. Atmospheric Environment, 2010, 44(25): 2943-2953.

[33] Li S W, Jiang B, Chu X M, et al. A review of driving behavior influence on fuel consumption and exhaust emission of vehicle [J]. Journal of Highway & Transportation Research & Development, 2003, 20(1): 155-158.

[34] Du Q, Yang Y, Zheng W, et al. The study of vehicle emission properties on real-road condition and the influence of some important factors [J]. Transactions of Csice, 2002, 20(4): 297-302.

[35] Xin Y, Wu Y, Hao J, et al. Fuel quality management versus vehicle emission control in China, status quo and future perspectives [J]. Energy Policy, 2015, 79: 87-98.

[36] André M. The ARTEMIS European driving cycles for measuring car pollutant emissions. [J]. Science of the Total Environment, 2004, 334-335: 73.

[37] Bachman W H. Towards a GIS-based modal model of automobile exhaust emissions [D]. Atlanta: Georgia institute of technology, 1997.

[38] Joumard R, André M. Cold start emissions of traffic [J]. Science of the Total Environment, 1990, 93: 175-182.

[39] Joumard R, Sérié E. Modelling of cold start emissions for passenger cars [J]. Inrets Report Lte, 1999.

[40] Heywood, JohnB. Internal combustion engine fundamentals [M]. New York: McGraw-Hill, 1988.

[41] Tong H Y, Hung W T, Cheung C S. On-road motor vehicle emissions and fuel consumption in urban driving conditions [J]. Journal of the Air & Waste Management Association, 2000, 50(4): 543.

[42] Lelong J, Michelet R. Effect of the acceleration on vehicle noise emission [J]. Journal of the Acoustical Society of America, 1999, 105(2): 1375-1375.

[43] Cicerofernández P, Long J R, Winer A M. Effects of grades and other loads on on-road emissions of hydrocarbons and carbon monoxide [J]. Journal of the Air & Waste Management Association, 1997, 47(8): 898-904.

[44] Spindt R S, Hutchins F P. The effect of ambient temperature variation on emissions and fuel economy - an interim report [C]. Automotive Engineering Congress and Exposition, 1979.

[45] Mccormick R L, Graboski M S, Newlin A W, et al. Effect of humidity on heavy-duty transient emissions from diesel and natural gas engines at high altitude [J]. Air Repair, 1997, 47(7): 784-791.

[46] Ma Z C, Fu T Q, Dai C, et al. Effects of altitude on real driving emission of light-duty diesel vehicle [J]. Vehicle Engine, 2017, 231(4): 84-87.

[47] Schifter I, Daaz L, Rodra G R, et al. A driving cycle for vehicle emissions estimation in the metropolitan area of Mexico City [J]. Environmental Technology, 2005, 26(2): 145-154.

[48] Shim B J, Park K S, Koo J M, et al. Work and speed based engine operation condition analysis for new European driving cycle (NEDC) [J]. Journal of Mechanical Science & Technology, 2014, 28(2): 755-761.

[49] Ma W, Xiao J A. A study on cold start emission characteristics of gasoline vehicle based on engine test bench simulation [J]. Automotive Engineering, 2005, 27(6): 670-549.

[50] André M. The ARTEMIS European driving cycles for measuring car pollutant emissions. [J]. Science of the Total Environment, 2004, 334-335: 73.

[51] Wang B, Zhang Y, Zhu C, et al. A study on city motor vehicle emission factors by tunnel test [J]. Chinese Journal of Enviromental Science, 2001, 22(2): 55.

[52] Wang B, Zhang Y, Zhengqi W U, et al. Tunnel test for motor vehicle emission factors in Guangzhou [J]. Research of Environmental Sciences, 2001, 14(4): 13-16.

[53] Pierson W, Gertler A, Bradow R. Comparison of the SCAQS tunnel study with other on road vehicle emission data [J]. Air Repair, 1990, 40(11): 1495-1504.

[54] Bishop G, Yi Z, Mclaren S, et al. Enhancements of remote sensing for vehicle emissions in tunnels [J]. Air Repair, 1994, 44(2): 169-175.

[55] Sadler L, Jenkins N, Legassick W, et al. Remote sensing of vehicle emissions on British urban roads [J]. Science of the Total Environment, 1996, 189-190(6): 155-160.

[56] Gao Y, Zhang Y, He Y, et al. On-board exhaust emission measurements of vehicles using a portable emission measure system [C]. Eighth International Conference on Measuring Technology and Mechatronics Automation. IEEE, 2016: 424-427.

[57] Qu L, Li M, Chen D, et al. Multivariate analysis between driving condition and vehicle emission for light duty gasoline vehicles during rush hours [J]. Atmospheric Environment, 2015, 110: 103-110.

[58] Merkisz J, Pielecha I, Pielecha J, et al. Exhaust emission from combat vehicle engines during start and warm-up [J]. Transport Problems An International Scientific Journal, 2011, 6(2): 121-126.

[59] Hu J, Frey H C, Sandhu G S, et al. Method for modeling driving cycles, fuel use, and emissions for over snow vehicles [J]. Environmental Science & Technology, 2014, 48(14): 8258-8265.

[60] Lehmann U, Niemelä V, Mohr M. New method for time-resolved diesel engine exhaust particle mass measurement [J]. Environmental Science & Technology, 2004, 38(21): 5704.

[61] Liu Z, Ge Y, Johnson K C, et al. Real-world operation conditions and on-road emissions of Beijing diesel buses measured by using portable emission measurement system and electric low-pressure impactor [J]. Science of the Total Environment, 2011, 409(8): 1476-1480.

[62] Rubino L, Bonnel P, Hummel R, et al. On-road emissions and fuel economy of light duty vehicles using pems: chase-testing experiment [J]. Sae International Journal of Fuels & Lubricants, 2008, 1(1): 1454-1468.

[63] Li Q, Qiao F, Yu L. Texas specific operating mode bin one based on field test data from PEMS [C]. A&wma's 1 Conference & Exhibition, 2016.

[64] Whitby K T, Husar R B, Liu B Y H. The aerosol size distribution of Los Angeles smog [J]. Journal of Colloid & Interface Science, 1972, 39(1): 177-204.

[65] Hanst P L, Wong N W, Bragin J. A long-path infra-red study of Los Angeles smog [J]. Atmospheric Environment, 1982, 16(5): 969-981.

[66] Vuilleumier L, Brown N J, Harley R A, et al. California Air Resources Board and the

California Environmental Protection Agency [J]. Vaasan Ammattikorkeakoulu, 2012.

[67] Lawrence E N. Clean Air Act [J]. Nature, 1971, 229(5283): 334-335.

[68] Wang K, Liu Y. Can Beijing fight with haze? Lessons can be learned from London and Los Angeles [J]. Natural Hazards, 2014, 72(2): 1265-1274.

[69] Haagensmit A J. Chemistry and Physiology of Los Angeles Smog [J]. Industrial & Engineering Chemistry, 1952, 44(6): 1342-1346.

[70] 张凯山. 机动车尾气测量与预测 [M]. 北京: 科学出版社, 2012.

[71] Castro T, Madronich S, Rivale S, et al. The influence of aerosols on photochemical smog in Mexico City [J]. Atmospheric Environment, 2001, 35(10): 1765-1772.

[72] 郝吉明. 城市机动车排放污染控制 [M]. 北京: 中国环境科学出版社, 2001.

[73] 葛奕, 廖芸栋. 我国机动车污染物排放标准的发展进程 [J]. 广州环境科学, 1999(3): 4-8.

[74] Stein B, Walker D, Cook R, et al. Link-based calculation of motor vehicle air toxin emissions using MOBILE 6.2 [C]. Trb Conference on the Application of Transportation Planning Methods, 2004.

[75] Liu X. A more accurate method using MOVES (Motor Vehicle Emission Simulator) to estimate emission burden for regional-level analysis. [J]. Journal of the Air & Waste Management Association, 2015, 65(7): 837-43.

[76] Ekström M, Sjödin A, Andreasson K. Evaluation of the COPERT Ⅲ emission model with on-road optical remote sensing measurements [J]. Atmospheric Environment, 2004, 38(38): 6631-6641.

[77] 马因韬, 刘启汉, 雷国强, 等. 机动车排放模型的应用及其适用性比较 [J]. 北京大学学报(自然科学版), 2008, 44(2): 308-316.

[78] 王岐东, 霍红, 姚志良, 等. 基于工况的城市机动车排放模型 DCMEM 的开发 [J]. 环境科学, 2008(11): 3285-3290.

[79] Kousoulidou M, Fontaras G, Ntziachristos L, et al. Use of portable emissions measurement system (PEMS) for the development of passenger car emission factors and validation of existing models [J]. Atmospheric Environment, 2013, 64(1): 329-338.

[80] André M, Infras M K, Bern S A, et al. The ARTEMIS European tools for estimating the Transport pollutant emissions [C]. The 18th International Emission Inventories Conference, 2009.

[81] Shorshani M F, André M, Bonhomme C, et al. Modelling chain for the effect of road traffic on air and water quality: techniques, current status and future prospects [J]. Environmental Modelling & Software, 2015, 64(2015): 102-123.

[82] 霍红, 贺克斌, 王岐东. 机动车污染排放模型研究综述 [J]. 环境污染与防治, 2006, 28(7): 526-530.

[83] Franco V, Kousoulidou M, Muntean M, et al. Road vehicle emission factors development: a review [J]. Atmospheric Environment, 2013, 70: 84-97.

[84] Smit R, Ntziachristos L, Boulter P. Validation of road vehicle and traffic emission models——A review and meta-analysis [J]. Atmospheric Environment, 2010, 44(25): 2943-2953.

[85] Gao J, Hui H U, Xing P, et al. Emission characteristics of pollutants from motor vehicles in Wuhan based on MOBILE 6.2 [J]. Journal of Taiyuan University of Technology, 2018, 49(1): 73-78.

[86] Gkatzoflias D, Kouridis C, Ntziachristos L, et al. COPERT 4: computer programme to calculate emissions from road transport [R]. Copenhagen, Denmark: European Environment Agency, 2006.

[87] Fujita E M, Campbell D E, Zielinska B, et al. Comparison of the MOVES 2010a, MOBILE 6.2, and EMFAC 2007 mobile source emission models with on-road traffic tunnel and remote sensing measurements [J]. Journal of the Air & Waste Management Association, 2012, 62(10): 1134-49.

[88] Hao J, He D, Wu Y, et al. A study of the emission and concentration distribution of vehicular pollutants in the urban area of Beijing [J]. Atmospheric Environment, 2000, 34(3): 453-465.

[89] Liu T, Wang X, Wang B, et al. Emission factor of ammonia (NH_3) from on-road vehicles in China: tunnel tests in urban Guangzhou [J]. Environmental Research Letters, 2014, 9(6).

[90] Wang H, Chen C, Huang C, et al. On-road vehicle emission inventory and its uncertainty analysis for Shanghai, China [J]. Science of the Total Environment, 2008, 398(1-3): 60.

[91] Xie S D, Song X Y, Shen X H. Calculating vehicular emission factors with COPERT Ⅲ mode in China [J]. Environmental Science, 2006, 27(3): 415-419.

[92] Fan S, Tian L, Zhang D. Emission inventory of gasoline evaporation from vehicles in Beijing based on COPERT model [J]. Chinese Journal of Environmental Engineering, 2016, 10(6): 3091-3096.

[93] Reid S, Bai S, Du Y, et al. Emissions modeling with MOVES and EMFAC to assess the potential for a transportation project to create particulate matter hot spots [J]. Transportation Research Record Journal of the Transportation Research Board, 2016, 2570(2570): 12-20.

[94] Tong H Y, Hung W T, Cheung C S. On-road motor vehicle emissions and fuel consumption in urban driving conditions [J]. Journal of the Air & Waste Management Association, 2000, 50(4): 543.

[95] Dong H, Xu Y, Chen N. A research on the vehicle emission factors of real world driving cycle in Hangzhou City based on IVE model [J]. Automotive Engineering, 2011, 33(12): 1034-1038.

[96] Yang P, Liu Y, Huang Y, et al. Effects of traffic states on dynamic emissions of buses based on ES-VSP distribution [J]. Research of Environmental Sciences, 2017, 30(11): 1793-1800.

[97] Wang H, Chen C, Huang C, et al. On-road vehicle emission inventory and its uncertainty analysis for Shanghai, China [J]. Science of the Total Environment, 2008, 398(1-3): 60.

[98] Barth M. The comprehensive modal emission model (CMEM) for predicting light-duty vehicle emissions [C]. ASCE, 2010: 126-137.

[99] Chun H E, Wang Q D. Vehicle emission factors determination using CMEM in Beijing [J]. Research of Environmental Sciences, 2006, 19(1): 109-112.

[100] Tong Y, Bai H, Chen X, et al. Establishment of vehicle pollutant emissions inventory based on EMIT model: pilot study in main roads of Tianjin urban [J]. Environmental Pollution & Control, 2014, 36(1): 64-68.

[101] Hao Y, Deng S, Qiu Z, et al. Vehicle emission inventory for Xi'an based on MOVES model [J]. Environmental Pollution & Control, 2017, 39(3): 227-231.

[102] Liu X. A more accurate method using MOVES (Motor Vehicle Emission Simulator) to estimate emission burden for regional-level analysis [J]. Journal of the Air & Waste Management Association, 2015, 65(7): 837-43.

[103] André M, Rapone M. Analysis and modelling of the pollutant emissions from european cars regarding the driving characteristics and test cycles [J]. Atmospheric Environment, 2009, 43(5): 986-995.

[104] Coelho M C, Fontes T, Bandeira J M, et al. Assessment of potential improvements on regional air quality modelling related with implementation of a detailed methodology for traffic emission estimation [J]. Science of the Total Environment, 2014, s 470-471(2): 127-137.

[105] 天津市环保局. 2020 年天津市环境状况公报 [R]. 2020.

[106] Chan C K, Yao X. Air pollution in mega cities in China [J]. Atmospheric Environment, 2008, 42(1): 1-42.

[107] 郭薇. 全国环境监测工作会议召开 [N]. 中国环境报, 2015-04-04001.

[108] 朱兆芳, 刘锐晶, 张欣红. "十三五"中国天津城市道路交通 [J]. 城市道桥与防洪, 2016(9): 4-10.

[109] 邹哲, 曹伯虎, 蒋寅. 天津市双城战略下的交通特征与发展对策 [J]. 城市交通, 2013, 11(1): 18-24.

[110] 天津统计局. 2007~2016 年天津统计年鉴[G]. 2007~2016.

[111] 张鸣岐. 国 V 排放标准将实施, 天津市 6 月淘汰全部黄标车 [N]. 天津日报, 2015-04-23.

[112] 柴发合, 王淑兰, 云雅如, 等. 贯彻《大气污染防治行动计划》力促环境空气质量改善 [J]. 环境与可持续发展, 2013, 38(6): 5-8.

[113] Fomunung I W. Predicting emissions rates for the Atlanta on-road light-duty vehicular fleet as a function of operating modes, control technologies, and engine charateristics [J]. Georgia Institute of Technology, 2000.

[114] Zhang L, Xisheng H U, Qiu R. A review of research on emission models of vehicle exhausts [J]. World Sci-Tech R & D, 2017(4): 355-362.

[115] Jiménez P, Luis J. Understanding and quantifying motor vehicle emissions with vehicle specific power and TILDAS remote sensing [D]. Boston Massachusetts Institute of Technology, 1999.

[116] Frey H C, Zhang K, Rouphail N M. Vehicle-specific emissions modeling based upon on-road measurements [J]. Environmental Science & Technology, 2010, 44(9): 3594.

[117] Zhang K, Frey C. Evaluation of response time of a portable system for in-use vehicle tailpipe emissions measurement [J]. Environmental Science & Technology, 2008, 42(1): 221.

[118] Li Z H, Hu J N, Bao X F, et al. Gaseous pollutant emission of China 3 heavy-duty diesel vehicles under real-world driving conditions [J]. Research of Environmental Sciences, 2009, 22(12): 1389-1394.

[119] Zietsman J A, Lee D, Johnson J D, et al. Characterization of exhaust emissions from heavy duty diesel vehicles in the HGB area [J]. Journal of Nanjing University of Aeronautics & Astronautics, 2012.

[120] André M, Joumard R, Hickman A J, et al. Actual car use and operating conditions as emission parameters: derived urban driving cycles [J]. Science of the Total Environment,

道路交通排放模型
与污染控制

1994, s 146-147(94): 225-233.

[121] Li Z. Study on automotive driving cycle by using characteristic parameters [J]. Automobile Technology, 2001(7): 13-16.

[122] Boulter P. West London alliance traffic and enhanced emissions model. Sub-project 2 - traffic scaling factors: inception report [J]. Trl Published Project Report, 1900.

[123] 荆博宇. 城市机动车排放清单模型建立的技术方法与应用研究[D]. 天津: 南开大学, 2016.

[124] Maerivoet S, Moor B D. Traffic flow theory [J]. Physics, 2005, 1(1-2): 5-7.

[125] Teodorović D, Janić M. Traffic flow theory [M]. Woburn Transportation Engineering, 2017.

[126] Xiong L. Differential equations about traffic flow parameters [J]. Journal of Wuhan University of Technology, 2003, 27(1): 18-20.

[127] Makigami Y, Newell G F, Rothery R. Three-dimensional representation of traffic flow [J]. Transportation Science, 1971, 5(3): 302-313.

[128] Nagatani T. Jamming transition in a two-dimensional traffic flow model [J]. Phys Rev E Stat Phys Plasmas Fluids Relat Interdiscip Topics, 1999, 59(5 Pt A): 4857-4864.

[129] Yun L, Zhang S. Analysis on actual capacity of long tunnel by using greenshields model [C]. International Conference on Connected Vehicles and Expo. IEEE Computer Society, 2012: 252-255.

[130] Dávila O L S. Randomized response models for quantitative characters: the Greenberg model. [J]. Rev.mat.estatíst, 2004(3): 47-56.

[131] Shao C F, Xiao C Z, Wang B B, et al. Speed-density relation model of congested traffic flow under minimum safety distance constraint [J]. Journal of Traffic & Transportation Engineering, 2015, 15(1): 92-99.

[132] Jia Y, Xing E. The application of traffic flow detection technology on characteristics of freeway traffic flow [C]. International Conference on Remote Sensing, Environment and Transportation Engineering. IEEE, 2011: 838 - 840.

[133] Kerner B S, Demir C, Herrtwich R G, et al. Traffic state detection with floating car data in road networks [C]. Intelligent Transportation Systems, 2005. Proceedings. IEEE, 2005: 44-49.

[134] De Fabritiis C, Ragona R, Valenti G. Traffic estimation and prediction based on real time floating car data [C]. International IEEE Conference on Intelligent Transportation Systems. IEEE, 2008: 197-203.

[135] Jolovic D, Ostojic M, Stevanovic A. Assessment of current signal timing plans optimality using microwave vehicle detector data [C]. International Conference on Ambient Systems, Networks and Technologies. 2016.

[136] Huchuan L U, Zhu K. Video-based traffic flow parameters detection [J]. Urban Transport of China, 2005, 3(2): 70-74.

[137] Zhou X, Cai B, Wang J, et al. Low power design of magnetic vehicle detector [J]. Microcomputer & Its Applications, 2011, 30(1): 59-62.

[138] Aloul F A, Sagahyroon A, Nahle A, et al. Guideme: an effective RFID-based traffic monitoring system [C]. International Conference on Advances in Computer Science and Engineering, 2012.

[139] Yuan J, Zhang S D. Construction of the internet of things to control the vehicle emissions

based on the RFID [J]. Environmental Monitoring & Forewarning, 2011, 03(1): 54-56.

[140] Longley P A, Goodchild M F, Maguire D J, et al. Geographic information systems and science. [J]. Photogrammetric Record, 2010, 20(112): 396-397.

[141] Waters N. Transportation GIS: GIS-T [J]. Geographical information systems, 2005: 827-844.

[142] 樊守彬, 田灵娣, 张东旭, 等. 基于实际道路交通流信息的北京市机动车排放特征 [J]. 环境科学, 2015, 36(8): 2750-2757.

[143] 刘登国, 刘娟, 张健, 等. 道路机动车活动水平调查及其污染物排放测算应用——上海案例研究 [J]. 环境监测管理与技术, 2012, 24(5): 64-68.

[144] 崔杰, 丁广德, 熊宪英, 等. 天津市交通流量调查和分析 [J]. 城市环境与城市生态, 2003(6): 86-88.

[145] 叶身斌, 王岐东, 贺新. 天津在路机动车活动水平调查研究 [J]. 北京工商大学学报 (自然科学版), 2007, 25(2): 28-31.

[146] 姜恒, 刘林, 吴楠. 城市隧道高峰时段运行速度研究 [J]. 中国市政工程, 2016(s1): 1-3.

[147] Vlastaras D, Abbas T, Leston D, et al. Universal medium range radar and IEEE 802.11p modem solution for integrated traffic safety [C]. International Conference on ITS Telecommunications. IEEE, 2013: 193-197.

[148] Guo H, Zhang Q, Shi Y, et al. On-road remote sensing measurements and fuel-based motor vehicle emission inventory in Hangzhou, China [J]. Atmospheric Environment, 2007, 41(14): 3095-3107.

[149] Cadle S H, Stephens R D. Remote sensing of vehicle exhaust emission [J]. Environmental Science & Technology, 1994, 28(6): N29-N31.

[150] Schäfer R P, Thiessenhusen K U, Brockfeld E, et al. A traffic information system by means of real-time floating-car data [C]. ITS World Congress. DLR, 2002.

[151] Schoder G. Floating car data [M]. Munich VDM Verlag Dr. Müller, 2009.

[152] Kim S J. Simultaneous calibration of a microscopic traffic simulation model and OD matrix [D]. Texas: Texas A & M University, 2006.

[153] Zhang K, Xue G. A real-time urban traffic detection algorithm based on spatio-temporal OD matrix in vehicular sensor network [J]. Wireless Sensor Network, 2010, 2(9): 668-674.

[154] Almasri E, Aljazzar M. TransCAD and GIS technique for estimating traffic demand and its application in Gaza city [J]. Open Journal of Civil Engineering, 2013, 03(4): 242-250.

[155] Zhang Y, Lei Y U. A case study of traffic impact analysis based on multi-modal assignment in TransCAD [J]. Transport Standardization, 2009.

[156] Tulyakov N, Levkovich-Maslyuk F, Samoilov V. Incorporating image-based traffic information for AADT estimation: operational developments for agency implementation and theoretical extensions to classified AADT estimation [J]. Data Collection, 2011, 5(2): 335-346.

[157] Kim W, Jee G I, Lee J. Efficient use of digital road map in various positioning for ITS [C]. Position Location and Navigation Symposium. IEEE, 2000: 170-176.

[158] Shi X, Xing J, Zhang J, et al. Application of dynamic traffic flow map by using real time GPS data equipped vehicles [C]. International Conference on ITS Telecommunications. IEEE, 2006: 1191-1194.

[159] Eglington T. Decision support system: US[P], US20020091687. 2002.

[160] 生态环境部. 2019 年中国移动源环境管理年报 [R]. 2019.

[161] 姬亚芹. 天津滨海新区生态环境可持续发展研究 [J]. 城市, 1998, 2: 29-31.

[162] 李笑语, 吴琳, 邹超, 等. 基于实时交通数据的南京市主次干道机动车排放特征分析 [J]. 环境科学, 2017, 38(4): 1340-1347.

[163] 李瑞芃, 吴琳, 毛洪钧, 等. 廊坊市区主要大气污染源排放清单的建立 [J]. 环境科学 学报, 2016, 36(10): 3527-3534.

[164] He J, Wu L, Mao H, et al. Development of a vehicle emission inventory with high temporal-spatial resolution based on NRT traffic data and its impact on air pollution in Beijing - Part 2: impact of vehicle emission on urban air quality [J]. Atmospheric Chemistry & Physics, 2016, 15(13): 19239-19273.

[165] 方正. 天津港: 全球货物吞吐量第四大港 [N]. 人民日报, 2016-05-19(013).

[166] 刘润有, 龚凤刚, 白子建. 天津集疏港公路交通规划应注意的几个问题 [C]. 全国公 路科技创新高层论坛, 2010.

[167] 崔妍, 刘东. 北京市朝阳路可变车道交通组织研究 [J]. 道路交通与安全, 2006(9): 21-24.

[168] Yang D, Jin P, Pu Y, et al. Stability analysis of the mixed traffic flow of cars and trucks using heterogeneous optimal velocity car-following model [J]. Physica A Statistical Mechanics & Its Applications, 2014, 395(4): 371-383.

[169] Liu D G, Liu J, Huang W M, et al. Simulation study on NO_x emission from vehicles based on traffic information [J]. Administration & Technique of Environmental Monitoring, 2016, 28(3): 15-19.

[170] Mueller T G, Pusuluri N B, Mathias K K, et al. Map quality for Ordinary Kriging and inverse distance weighted interpolation [J]. Soil Science Society of America Journal, 2004, 68(6): 2042-2047.

[171] Holman C, Harrison R, Querol X. Review of the efficacy of low emission zones to improve urban air quality in European cities [J]. Atmospheric Environment, 2015, 111: 161-169.

[172] Tzeng G H, Tsaur S H. Application of multicriteria decision making to old vehicle elimination in Taiwan [J]. Energy & Environment, 1993, 4(3): 268-283.

[173] Holman C, Harrison R, Querol X. Review of the efficacy of low emission zones to improve urban air quality in European cities [J]. Atmospheric Environment, 2015, 111: 161-169.

[174] 环境保护部. 2013 年中国机动车环境管理年报 [R]. 2013.

[175] Ellison R B, Greaves S P, Hensher D A. Five years of London's low emission zone: Effects on vehicle fleet composition and air quality [J]. Transportation Research Part D Transport & Environment, 2013, 23: 25-33.